职业教育规划新教材

建筑工程检测技术

JIANZHU GONGCHENG JIANCE JISHU

主　审　杜　毅　李圣鑫
主　编　刘玉琼　曾家谦
副主编　余　洋　陈昉莉
编　委　王世强　栗红霞　杨　飞
　　　　魏　光　刘华玺　姚佳进
　　　　罗延安

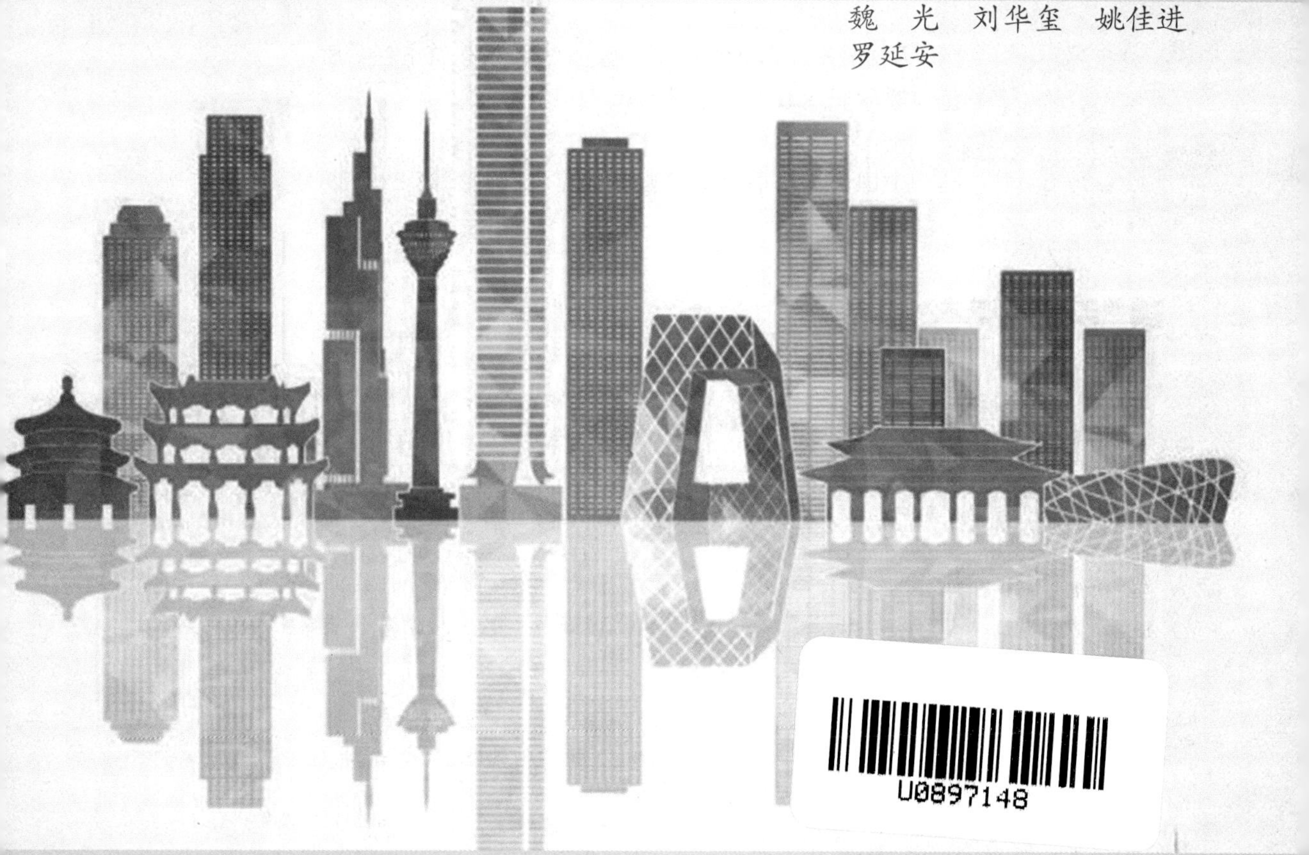

内容提要

本书共 8 个项目，内容包括地基基础工程检测、现场混凝土强度检测方法、混凝土构件结构性能检验、砌体结构工程现场检测、构件钢筋间距和保护层厚度检测技术、后置埋件的力学性能检测技术、钢结构检测和建筑节能的基本知识等。

本书既可以作为职业学校建筑专业教材，也可以作为相关人员的参考用书。

图书在版编目（CIP）数据

建筑工程检测技术/刘玉琼，曾家谦主编．—上海：上海交通大学出版社，2017

ISBN 978-7-313-18137-4

Ⅰ.①建… Ⅱ.①刘… ②曾… Ⅲ.①建筑工程—质量检验—职业教育—教材 Ⅳ.①TU712

中国版本图书馆 CIP 数据核字（2017）第 228379 号

建筑工程检测技术

主　　编：刘玉琼　曾家谦

出版发行：上海交通大学出版社　　地　　址：上海市番禺路 951 号

邮政编码：200030　　电　　话：021-64071208

出 版 人：谈　毅

印　　制：北京市通县华龙印刷厂　　经　　销：全国新华书店

开　　本：787mm×1092mm 1/16　　印　　张：8.5

字　　数：181 千字

版　　次：2017 年 10 月第 1 版　　印　　次：2017 年 10 月第 1 次印刷

书　　号：ISBN 978-7-313-18137-4

定　　价：26.80 元

前言

本书是根据教育部颁布的职业学校建筑类建筑工程检测技术教学大纲，结合编者多年的教学实践经验，针对职业学校的生源现状，结合生产实际对从业人员的知识需求，提炼施工过程中典型的项目编写而成的。

本书共 8 个项目，需 80～100 课时，每个项目的参考学时如下表所示。

授课内容	课时
绪论	4
项目 1 地基基础工程检测	10
项目 2 现场混凝土强度检测方法	8
项目 3 混凝土构件结构性能检验	8
项目 4 砌体结构工程现场检测	8
项目 5 构件钢筋间距和保护层厚度检测技术	8
项目 6 后置埋件的力学性能检测技术	8
项目 7 钢结构检测	8
项目 8 建筑节能的基本知识	12
机动	16
总课时	80～100

本书由贵州省建设学校刘玉琼、曾家谦、陈昉莉、余洋、王世强，贵州道兴建设工程检测有限责任公司栗红霞、杨飞、魏光、刘华玺、姚佳进、罗延安参加编写，刘玉琼、曾家谦任主编，余洋、陈昉莉任副主编，由贵州道兴建设工程检测有限责任公司杜毅、李圣鑫担任主审。

随着职业教育教学改革的不断深入，由于本专业的实际工作对专业知识的需求不断变化，本书所含内容实践发展较快，编者知识有可能有盲点，教材涉及的知识面较广，编写过程有错漏之处，敬请读者给予指正！

目 录

绪论

建筑工程的质量与工程检测有着十分密切的关系，不仅表现在建筑工程的施工前期、施工中期或者在建筑物竣工后，而且对每个操作步骤以及施工细节都需要进行细致的检测，从而确保建筑工程每道工序的施工质量。当前，人们对建筑提出了更高的要求，因此，建筑企业为保障施工人员的施工工艺，保障建筑质量，延长建筑寿命，必须严格规范建筑工程检测。在施工实践中，不断发现故障并进行处理，积累经验，不断完善与改进工程检测方法，在保障建筑工程平稳高效进行的同时，也保障着建筑使用者及施工人员的人身安全。

通过对本课程的学习，能使学生全面了解质量管理的基本理念和方法，树立良好的质量意识和严格执行质量合格标准的自觉性，掌握在实际建筑工程施工过程中质量控制与质量检测的基本知识技能。

本书以培养职业人才的目标为出发点，特增加了“课程实训”的教学内容，使学生在步入工作岗位的初始阶段时，能够比较从容地应对实际生产中所遇到的一些基本问题并较快地进入工作状态。

本课程的任务如下所述：

1. 检测的基本规定

建筑工程质量检测是建设工程检测机构依据国家的有关法律、法规、技术标准等规范性文件的要求，采用科学手段确定建设工程的建筑材料、构配件、设备器具，分部、分项工程及其施工过程、竣工及在用工程实体等的质量、安全或其他特性的全部活动。

工程质量检测的主要内容：建筑材料检测、地基与基础检测、主体结构检测、室内环境检测、建筑节能检测、钢结构检测、建筑幕墙和门窗检测、通风与空调检测、建筑电梯运行试验检测、建筑智能系统检测等。

从事建设工程质量检测的机构，应按规定取得住房和城乡建设主管部门颁发的资质证书及规定的检测范围，具有独立法人资格，拥有相应的检测技术和管理工作人员，对于日常检测资料管理应包括检测原始记录、台账、检测报告、检测不合格数据台账等内容，并定期进行汇总分析，改进有关检测流程和管理方法等。检测机构的质量管理体系，应符合《检测机构资质认定评审准则》的要求及本单位的具体情况，要覆盖本单位的全部部门及所有的管理和检测活动。

检测机构应对出具的检测数据和结论的真实性、规范性和准确性负相应的法律责任。

2. 检测人员

检测机构应根据其检测机构类别、技术能力标准、检测项目及业务量，配备相应数量的管理人员和检测技术人员。对所有从事抽样、检测、签发检测报告以及操作设备等工作的人员，应按要求根据相应的教育、培训、经验和可证明的技能，进行资格确认，并持证上岗。从事特殊产品检测活动的检测机构，其专业技术人员和管理人员还应符合相关法律、行政法规的规定要求。

检测机构的负责人应遵守国家有关检测管理法规和技术规范，负责全面的检测工作，建立相应的管理制度，并督促落实。做到按检测工作类别、技术能力标准规范开展检测工作，保证检测工作质量。检测机构技术主管、授权签字人应具有工程师以上的技术职称，熟悉业务，经考核合格后持证上岗。

保证检测人员及时更新知识，掌握最新的检测技术，跟踪最新的技术标准。检测机构要制定检测人员年度继续教育计划，保证检测人员每年参加脱产继续教育的学时符合国家和地方的相关要求。检测机构应建立检测人员的业务档案，其内容应包括：人员的学历、资格、经历、培训、继续教育、业绩、奖惩、信誉等信息。

检测人员不得同时受聘于两个及两个以上的检测机构从事检测活动，并对各项检测数据有保密责任。

3. 检测设备

检测机构应正确配备进行检测（包括抽样、样品制备、数据处理与分析）所需的抽样、测量和检测设备（包括软件）及标准物质，并对所有仪器设备进行正常维护。检测设备应由经过授权的人员进行操作。设备使用和维护的有关技术资料应便于相关人员进行查阅。

检测机构应制定设备检定/校准的计划。在使用对检测、校准的准确性产生影响的测量、检测设备之前，应按照国家相关技术规范或者标准进行检定和校准，以保证检测结果的准确性。

检测机构应制定检测设备的维护保养、日常检查制度和计量器具期间核查计划表，确保检测设备符合使用要求，并做好相应的检测记录。计量器具期间核查工作计划应包括期间核查对象、期间核查时间间隔、方法以及结果判断的内容。

当检测设备出现下列情况之一时应进行校准或检测：

（1）可能对检测结果有直接影响的改装、移动或维修后。

（2）停用后再次使用前。

（3）检测设备出现不正常工作的情况。

（4）对于下列计量器具应定期按相应的方法进行期间核查。

①修复后的计量器具。

②使用频繁的或经常携带运输到现场检测的器具。

③在恶劣环境下使用的计量器具。

检测机构应保存对检测或对校准器具有重要影响的设备及其软件的档案。该档案至少应包括以下9个方面的内容：

(1) 设备及其软件的名称。

(2) 制造商名称、型式标识、系列号或其他唯一性标识。

(3) 对设备符合规范的核查记录（如果试用）。

(4) 当前的位置（如果试用）。

(5) 制造商的说明书（如果有），或指明其地点。

(6) 所有检定/校准报告或证书。

(7) 设备接受/启用日期或验收记录。

(8) 设备使用和维护记录（适当时）。

(9) 设备的任何损坏、故障、改装或修理记录。

4. 设施及环境条件

检测机构的检测设施以及环境条件应满足相关的法律法规、技术规范或标准的要求。如果检测的设施和环境条件对检测结果的质量有影响时，检测机构应监测、控制和记录环境条件。在非固定场所进行检测时应特别注意环境条件的影响。环境条件记录应包括环境参数测量值、记录次数、记录时间、监控仪器编号、记录人签名等。

为保证检测工作的正常进行及对客户的信息要求保密，应对检测工作区域进行严格管理。在一般情况下，与检测工作无关的人员和物品不得进入工作区。

检测工作应建立并保持安全作业的管理制度，确保化学危险品、毒品、有害生物、电离辐射、高温、高电压、撞击以及水、气、火、电等危及安全的因素得以有效控制，并制定相应的应急处理措施。

检测工作场所的能源、电力供应、室内空气质量、温度、湿度、通风、光照、光线、清洁度应满足所开展检测工作的需要，应保证工作场所的卫生、噪声、磁场、震动、灰尘等外部环境条件不得对检测结果造成干扰。

检测机构应建立并保持环境保护的管理制度，具备相应的清洁设备，确保检测工作过程中所产生的废弃物、废水、废气、噪声、震动、灰尘及有毒物质等进行有效处置，达到符合环境保护和人身健康安全等方面的有关规定，并出台相应的应急措施条例。

5. 检测方法

建筑结构的现场检测，应根据检测类别、检测目的、检测项目、结构实际状况和现场具体条件选择适当的检测方法。检测机构应按照相关技术规范或者标准，使用适合的方法和程序实施检测活动。检测机构应依次选择国家标准、行业标准、地方标准进行检测，并应确保使用标准的现行有效版本。与检测机构工作有关的标准、手册、指导书等都应确保现行有效并便于工作人员阅读使用。

确认所选用的检测方法。当选用有相应标准的检测方法时，在正常情况下应优先采用工程质量验收规范中规定的抽样、检测方法及评价标准；其次对于通用的检测项目，应选用国家标准或行业标准；对于有地区特点的，宜选用地方标准。

当采用检测单位自行开发或引进的检测仪器及检测方法时，应符合下列规定：

（1）该仪器或方法应通过技术鉴定。

（2）该方法已与成熟的方法进行比对试验。

（3）检测单位应有相应的检测细则，并提供测试误差或测试结果的不确定性。

（4）在检测方案中应予以说明并经委托方同意。

当检测试验项目需采用非标准方法时，应在检测委托合同中注明，检测机构应编制相应的检测作业指导书，并征得委托方书面同意。作为工程质量文件使用时，还应取得当地住房和城乡建设主管部门的认可。

6. 检测工作的基本程序与要求

对于 ·般建筑工程质量的现场检测工作，其检测工作的基本程序，应按下列的框图进行。在与委托方签订检测合同前，检测机构应根据本单位的资质情况、人员情况、设备情况进行综合分析，以确定本单位的资源配备情况能否满足客户的要求。对于存在质量争议的工程质量检测报告应由当事各方共同委托。委托书中一般要明确检测的目的、具体检测项目、依据标准等内容。检测机构不得接受任何不符合有关法律、法规和技术标准规定的检测委托（见图 0-1）。

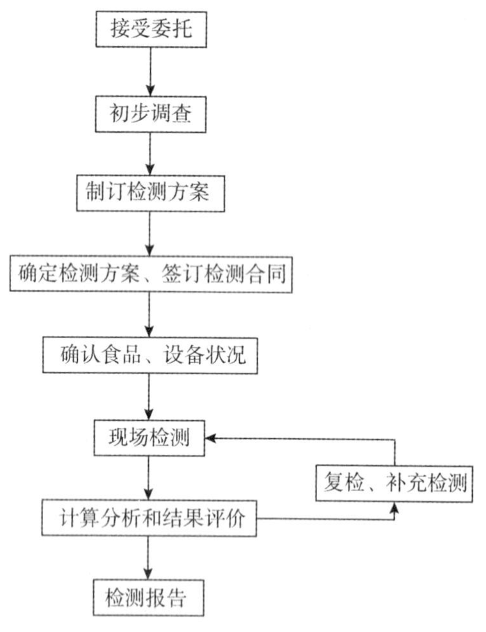

图 0-1　建筑结构现场检测工作程序

对于每项建筑工程的现场检测，一般均需制定检测方案。检测方案要详细、周密，要具有良好的可操作性；对于现场检测工作，要具有较强的指导性。一般的检测方案应包括下列主要内容（但不限于）：

（1）工程或结构概况，包括结构类型、设计、施工及监理单位、建造年代或检测时工程的进度情况等。

（2）委托方的检测目的或检测要求。

（3）检测的依据，包括检测所依据的标准及有关的技术资料等。

（4）检测范围、检测项目和选用的检测方法。

（5）检测的方式、检验批的划分、抽样方案和检测数量。

（6）检测人员和仪器设备的安排。

（7）检测工作进度计划。

（8）需要委托方配合的工作。

（9）检测中的安全与环保措施。

检测方案一般由检测项目负责人组织编制、检测机构技术负责人批准通过。必要时检测方案须经委托方的同意。

7. 抽样及结果判定方法

（1）抽样方法。建筑工程质量检测可采取全数检测或抽样检测两种检测方式。如果采用抽样检测时，应随机抽取样本（实施检测对象）。当不具备随机抽样条件时，可按约定方法抽取样本。抽样的方案原则上应经委托方的同意。

全数检测方式一般适用于下列几种情况：

①外观缺陷或表面损伤的检测。

②受检范围较小或构件数量较少。

③检验指标或参数变异性大或构件状况差异较大。

④灾害发生后对结构受损情况的外观识别。

⑤需减少结构的处理费用或处理范围。

⑥委托方要求进行全数检测。

如果进行批量检测，抽样方法应采取随机抽样的方法，其检验批最小样本容量如表 0-1所示。

表 0-1　检验批最小样本容量

检验批的容量	检测类别和样本最小容量			检验批的容量	检测类别和样本最小容量		
	A	B	C		A	B	C
2～8	2	2	3	151～280	13	32	50
9～15	2	3	5	281～500	20	50	80
16～25	3	5	8	501～1 200	32	80	125
26～50	5	8	13	1 201～3 200	50	125	200
51～90	5	13	20	3 201～10 000	80	200	315
91～150	8	20	32	—	—	—	—

注：①检测类别 A 适用于施工质量的一般检测，检测类别 B 适用于结构质量或性能的一般检测，检测类别 C 适用于结构质量或性能的严格检测或复检。

②无特别说明时，样本单位为构件。

（2）结果判定。检测结果的判定，对于计数抽样检验批的合格判定，应符合下列规定：当检测的对象为主控项目时按（见表 0-2）判定；检测的对象为一般项目时按（见表 0-3）判定。特殊情况下，也可由检测方与委托方共同确定判定方案。

表 0-2 主控项目的判定

样本容量	合格判定数	不合格判定数	样本容量	合格判定数	不合格判定数
2～5	0	1	80	7	8
8～13	1	2	125	10	11
20	2	3	200	14	15
32	3	4	315	21	22
50	5	6			

表 0-3 一般项目的判定

样本容量	合格判定数	不合格判定数	样本容量	合格判定数	不合格判定数
2～5	1	2	32	7	8
8	2	3	50	10	11
13	3	4	80	14	15
20	5	6	125	21	22

对于计量性抽样检测，如果其性能参数符合正态分布，可对该参数总体特征值或总体均值进行推定，推定时应提供被推定值的推定区间，计量抽样方案样本容量与推定区间限值系数可按表 0-4 确定。

表 0-4 基本规定

样本容量	标准差未知时推定区间上限值与下限值系数					
	0.5 分位值		0.05 分位值			
	K0.5（0.05）	K0.5（0.1）	K0.5，u（0.05）	K0.05，l（0.05）	K0.05，l（0.1）	K0.05，l（0.1）
60	0.215 74	0.167 32	1.354 12	2.022 16	1.415 36	1.933 27
70	0.199 27	0.154 66	1.373 64	1.989 87	1.430 95	1.909 03
80	0.186 08	0.144 49	1.389 59	1.964 44	1.443 66	1.889 88
90	0.175 21	0.136 10	1.402 94	1.943 76	1.452 29	1.874 28
100	0.166 04	0.129 02	1.414 33	1.926 54	1.463 35	1.861 25
110	0.158 18	0.122 94	1.424 21	1.911 91	1.471 21	1.850 17
120	0.151 33	0.117 64	1.432 89	1.899 29	1.478 10	1.840 559

在一般情况下，检测结果推定区间的置信度宜为 0.90，并使错判概率以及漏判概率均为 0.05。

在特殊情况下，推定区间的置信度可为 0.85，使漏判概率升至为 0.10，错判概率仍维持在 0.05。

推定区间可按下列方法计算：

检验批标准差求知时，总体均值的推定区间应按下列公式计算：

$$\mu_u = m + k_{0.5} s \quad (0-1)$$

$$\mu_l = m + k_{0.5} s \tag{0-2}$$

式中，μ_u—— 均值推定区间的上限值；

μ_l—— 均值推定区间的下限值；

m—— 样本均值；

s—— 样本标准差；

$k_{0.5}$—— 推定区间限值系数，取如表 0-4 中的 0.5 分位值栏里与相应样本容量对应的数值。

检验批标准差为未知时，计量抽样检验批具有 95％保证率特征值的推定区间上限值和下限可按下列公式计算：

$$x_{0.05,u} = m + k_{0.05,u} s \tag{0-3}$$

$$x_{0.05,l} = m + k_{0.05,l} s \tag{0-4}$$

式中，$x_{0.05,u}$——特征值（0.05 分位值）推定区间的上限值；

$x_{0.05,l}$ ——特征值（0.05 分位值）推定区间的下限值；

$k_{0.05,u}$、$k_{0.05,l}$——推定区间上限值与下限值系数，取如表 0-4 所示的 0.05 分位值栏里对应样本容量的数值。

对计量抽样检测结果推定区间上限值与下限值之差值宜进行控制。

8. 原始记录和检测报告

（1）原始记录。检测机构应采用适合自身的具体情况并符合本单位质量管理体系的记录制度。检测机构质量记录和技术记录的编写、填写、更改、识别、收集、索引、存档、维护和清理等应当按照程序规范进行。每次检测的原始记录都应包括足够的信息以保证其能够再现。记录应包括参与抽样、样品准备、检测或校准人员的识别、所有记录、证书和报告都应安全储存、妥善保管并为客户保密。检测机构对所有工作予以当时记录，不允许事后补记或追记。

现场检测原始记录应包括以下内容（但不限于)：

①委托单位、工程名称、工程部位、见证人员的单位。

②委托合同编号。

③检测地点、检测部位。

④检测日期、检测开始及结束时间。

⑤检测、复核人员和见证人员的签名。

⑥使用的主要检测设备名称和编号。

⑦检测的依据标准。

⑧如果检测工作对其环境条件有要求，还应对检测的环境条件进行记录。

（2）检测报告。检测机构应按照相关技术规范或标准要求和规定的程序，及时出具检测数据和结果，检测报告应结论准确、客观、真实，用词规范、文字简练，对于容易混淆的术语和概念应以文字解释或图例、图像说明。报告应使用法定计量单位。

一般检测报告应包括下列内容（但不限于)：

①委托单位名称。

②建筑工程概况，包括工程名称、结构类型、规模、施工日期及现状。

③设计单位、施工单位及监理单位名称。

④检测原因、检测目的及以往相关检测情况概述。

⑤检验项目、检验方法及依据的标准。

⑥检验方式、抽样方案、抽样方法、检测数量与检测的位置。

⑦检测项目的主要分类检测数据和汇总结果、检测结果、检测结论。

⑧检测日期，报告完成日期。

⑨主检、审核和批准人员的签名。

⑩检测机构的有效印章。

如果由于种种原因，需对已发出的报告进行实质性的修改，应以追加文件或更换报告的形式实施，并应包括如下声明："对报告的补充、系列号——（或其他标识）"，或其他等效的文字形式。报告修改的过程和方式应满足本单位的相关要求，若必须发新报告时，应有唯一性标识，并注明所替代的原件。

建筑工程检测试验技术管理规范的基本规定如下所述。

（1）建筑工程施工现场检测试验技术管理应按以下程序进行：

①制定检验试验计划。

②制取试样。

③登记台账。

④送检。

⑤检测试验。

⑥检测试验报告管理。

（2）建筑工程施工现场应配备满足检测试验需要的试验人员、仪器设备、设施及相关标准。

（3）建筑工程施工现场检测试验的组织管理和实施应由施工单位负责。当建筑工程实行施工总承包时，可由总承包单位负责整体组织管理和实施，分包单位按合同确定的施工范围各尽其责。

（4）施工单位及其取样、送检人员必须确保提供的检测样品具有真实性和代表性。

（5）承担建筑工程施工检测试验任务的检测单位应符合下列规定：

①当行政法规、国家现行标准或合同对检测单位的资质有资质要求时，应遵守其规定；当没有资质要求时，可由施工单位的企业试验室进行试验，也可委托具备相应资质的检测机构进行检测。

②如果对检测的试验结果有争议时，应委托共同认可的具备相应资质的第三方检测机构重新检测。

③检测单位的检测试验能力应与其所承接检测试验项目相适应。

（6）见证人员必须对见证取样和送检的过程进行见证，且必须确保见证取样和送检过程的真实性。

（7）检测方法应符合国家现行相关标准的规定。当国家现行标准未规定检测方法时，检测机构应制定相应的检测方案并经相关各方认可，必要时应进行论证或验证。

（8）检测机构应确保检测数据和检测报告的真实性和准确性。

（9）建筑工程施工检测试验中产生的废弃物、噪声、振动和有害物质等的处理、处置，应符合国家现行标准的相关规定。

项目1 地基基础工程检测

地基是指支承基础的土体或岩体，基础是指将结构承受的各种作用传递到地基上的结构组成部分，地基与基础是建筑物的根本，统称为基础工程。基础是连接上部结构与地基之间的过渡结构，起到承上启下的作用。

任务1.1 概 述

1.1.1 地基基础工程试验检测的意义

地基基础是一栋建筑的根基所在，其承载能力能否满足设计标准直接关系到整体工程的施工质量，影响到建筑投入使用后的安全性和可靠性，要保证建筑物的质量，首先必须保证有可靠的地基与基础，否则整个建筑物就可能遭到损坏或影响其正常使用。例如，地基的不均匀沉降可导致上部结构产生裂缝或建筑物发生倾斜；如果地基设置不当，地基承载力不够，还有可能使整个结构物倒塌。而已建成的建筑物一旦由于地基基础方面的原因而出现事故，往往很难进行加固处理。此外，地基基础部分的造价在建筑物总造价中往往也占很大比重。所以不管从保证建筑物质量方面，还是从建筑物的经济合理性方面考虑，地基基础试验检测都是施工控制的一个重要手段。

通过试验检测为质量缺陷或事故判定提供了实测数据，以便准确判别质量缺陷和事故的性质、范围和程度，从中总结经验教训。

总之，地基基础检测工作是验收地基基础质量是否达到设计要求及安全标准的重要环节。认真做好地基基础试验检测工作，对推动我国地基基础建设水平，确保地基基础工程的施工质量，提高建设投资的效益，保障人民生命财产安全，都具有十分重要的意义。

1.1.2 地基基础工程试验检测的依据

地基基础工程试验检测应以国家和交通部、建设部颁布的有关建筑工程和公路工程的法规、技术标准、设计施工规范和试验规程为依据进行，我国地基基础工程的标准和规范按设计、施工和试验检测主要包括：

《公路桥涵地基与基础设计规范》(JTGD63－2007)。

《公路工程质量检验评定标准》(JTGF80/1－2004)。

《公路路基施工技术规范》(JTGF10－2006)。

《公路桥涵施工技术规范》(JTG/TF50－2011)。

《公路隧道施工技术规范》(JTGF60－2009)。

《公路隧道施工技术细则》(JTG/TF60－2009)。

《公路工程基桩动测技术规程》(JTG/TF 81－01－2004)。

《工程测量规范》(GB50026－2007)。

《岩土工程勘查规范》(2009 版)(GB50021－2001)。

《工程岩土分级标准》(GB50218－2014)。

《锚杆喷射混凝土支护技术规范》(GB50086－2015)。

《岩土锚杆（索）技术规程》(CECS 22－2005)。

《普通混凝土力学性能试验方法标准》(GB/T50081－2002)。

《建筑地基基础设计规范》(GB50007－2011)。

《建筑基坑工程监测技术规范》(GB50497－2009)。

《建筑基坑支护技术规程》(JGJ120－2012)。

《建筑边坡工程技术规范》(GB50330－2013)。

《建筑地基基础工程施工质量验收规范》(GB50202－2002)。

《建筑变形测量规范》(JGJ8－2016)。

《建筑地基处理技术规范》(JTG79－2012)。

《建筑基桩检测技术规范》(JGJ106－2014)。

《建筑桩基技术规范》(JGJ94－2008)。

任务 1.2 地基基础的类型

建筑物地基分天然地基和人工地基两种。基础的类型又可分为刚性基础与柔性基础、浅基础和深基础四种。其中浅基础按结构形式分为：独立基础、条形基础、板式基础、筏式基础、箱形基础等。深基础可分为：桩基础、墩基础、沉井基础和地下连续墙等。

任务1.3 常规地基基础检测技术

1.3.1 地基岩土分类

岩土为工程建筑观点对组成地壳的任何一种岩石和土的统称。岩土可细分为坚硬的(硬岩)、次坚硬的(软岩)、软弱联结的、松散无联结的和具有特殊成分、结构、状态和性质的五大类。中国习惯将前两类称为岩石，后三类称为土，统称为“岩土”。

碎石土是指粒径大于2 mm的颗粒含量且超过全重的50%的土，碎石土按照颗粒形状以及大小排列，包括：漂石、块石、卵石、碎石、圆砾、角砾。碎石土按照密实度可分为：松散、稍密、中密、密实碎石土。

砂土是指粒径大于2 mm的颗粒含量且不超过总质量的50%、粒径大于0.075 mm的颗粒质量且超过总质量50%的土。砂土按粒组含量分为：砾砂、粗砂、中砂、细砂、粉砂。砂土的密实度分为：松散、稍密、中密、密实碎石土。

黏性土是指塑性指数 I_p 大于10且小于等于17的土，分为黏土和粉质黏土。

粉土是指介于砂土和黏性土之间，塑性指数 $I_p \leqslant 10$ 且颗粒粒径大于0.075 mm的颗粒质量不超过总质量的50%的土。

人工填土。人口填土根据组成物质或堆积方式，分为以下几种：素填土——由碎石土、砂土、粉土、黏性土等组成的填土；压实填土——经过夯实或压实的素填土；杂填土——含有建筑垃圾、工业废料、生活垃圾等杂物的填土；冲填土——由水力冲填泥沙形成的填土。

膨胀土是指土中黏粒成分主要由亲水性矿物组成，同时具有明显的吸水膨胀和失水收缩等特性的高塑性黏质土，为自由膨胀率大于或等于40%的黏性土。

湿陷性土是指浸水后产生附加沉降，其湿陷系数大于或等于0.023的土。

淤泥是指在静水或缓慢的流水环境中沉积，并经生物化学作用形成，其天然含水量大于液限、天然孔隙比不小于1.5的黏性土。

淤泥质土是指当天然含量大于液箱而天然孔隙比小于1.5但大于或等于1.0的黏性土。

1. 一般土分类

《岩土工程勘查规范》(GB50021－2001 2009版)、《公路工程地质勘查规范》(JTGC20－2011)、《建筑地基基础设计规范》(GB5007－2011)：一般土的分类标准如表1-1所示。

表 1-1 一般土的分类标准

<table>
<tr><td colspan="6">粒径/mm</td><td colspan="3">塑性指数/I_p</td></tr>
<tr><td>200～20</td><td>20～2</td><td>2～0.5</td><td>0.5～0.25</td><td>0.25～0.075</td><td>≤0.075</td><td>10</td><td>10～17</td><td>≥17</td></tr>
<tr><td>漂石/块石</td><td>卵石/碎石</td><td>圆砾/角砾</td><td>粗砂</td><td>中砂</td><td>细砂/粉砂</td><td rowspan="2">粉土</td><td>粉质黏土</td><td>黏土</td></tr>
<tr><td colspan="3">碎石土</td><td colspan="3">砂土</td><td>黏性土</td><td></td></tr>
</table>

2. 碎石土

《岩土工程勘查规范》（GB50021－2001 2009 版）、《公路工程地质勘查规范》（JTGC20－2011)、《建筑地基基础设计规范》(GB50007－2011)。

颗粒直径大于 2 mm，且其质量大于总质量 50％的土称为碎石土。据颗粒大小及形状（多数系成因不同所致）细分为：

(1) 漂石土/块石土：颗粒直径大于 200 mm 的质量大于总质量 50％的土。

(2) 卵石土/碎石土：颗粒直径大于 20 mm 的质量大于总质量 50％的土。

(3) 圆砾土/角砾土：颗粒直径大于 2 mm 的质量大于总质量 50％的土。

3. 砂土

粒径大于 2 mm 的颗粒质量不超过总质量的 50％，粒径大于 0.075 mm 的颗粒质量超过总质量的 50％的土，定名为砂土。

砾砂是指粒径大于 2 mm 的颗粒质量占总质量 25％～50％。

粗砂是指粒径大于 0.5 mm 的颗粒质量超过总质量 50％。

中砂是指粒径大于 0.25 mm 的颗粒质量超过总质量 50％。

细砂是指粒径大于 0.075 mm 的颗粒质量超过总质量 85％。

粉砂是指粒径大于 0.075 mm 的颗粒质量超过总质量 50％。

4. 黏性土

黏性土是指塑性指数 I_p 大于 10 的土，黏性土分为黏土和粉质黏土。黏性土按塑性指数分类如表 1-2 所示。

表 1-2 黏土和粉质土的塑性指数

黏性土的分类名称	黏土	粉质土
塑性指数/I_p	$I_p>17$	$17\geq I_p>10$

5. 软土

(1) 定义。天然含水量大于液限、天然孔隙比大于或等于 1.0 的高压缩性、低承载力的粉土及黏性土。泛指软黏土、淤泥质土、淤泥、泥炭质土、泥炭等。

(2) 分类。《公路工程地质勘查规范》（JTGC20－2011）据天然孔隙比和有机质含量对定义内的软土分类如表 1-3 所示。

表 1-3 软土分类

土类	淤泥质土	淤泥	泥炭质土	泥炭
天然孔隙比/e	1.0～1.5	>1.5	>3	>10
有机质含量/%	3～10	3～10	10～60	>60

6. 填土

人类活动堆填、弃置的建筑垃圾、生活垃圾、工业废料、冲（吹）填土、填筑土，应定名为填土。填土的分类及特征如表 1-4 所示。

表 1-4 填土分类

类型	特　征
素填土	由碎石土、砂土、粉土、黏性土等一种或几种材料组成，不含杂质或含杂质很少
杂填土	含有大量建筑垃圾、工业废料或生活垃圾等杂物。土质不均
冲填土	由水力冲填泥沙形成。土层分布不均，多呈透镜状、薄片状
填筑土	经分层碾压或夯实填筑的土。一般成分单一，土质较均匀

1.3.2 平板荷载试验

1. 平板荷载试验适用范围

平板荷载试验是目前应用最广泛的原位试验方法，该试验是在一定尺寸的刚性承压板上分级施加荷载，观测各级荷载作用下天然地基土随压力和变形的原位试验，它可用于：根据荷载一沉降关系线（曲线）确定地基力的承载力；设计土的变形模量；估算土的不排水抗剪强度及极限填土高度。平板荷载试验适用于地表浅层地基，特别适用于各种填土、含碎石的土类。

2. 平板荷载试验

（1）试验准备。平板载荷试验通常在试坑中进行。试坑底的宽度应不小于承压板宽度（或直径）的 3 倍，以消除侧向土自重引起的超载影响，为了保持测试时地基土的天然湿度与原状结构，在坑底留 20～30 cm 厚的原土层，试验前再将其挖去，并在坑底铺设2 cm 厚的砂垫层，放入载荷板。

（2）试验设备。

①承压板。承压板要有足够的刚度，一般为特制厚钢板。一般承压板为板厚 2 cm、边长1.0 m的方形钢板。

②加荷装置。加荷装置包括油压千斤顶、荷重传感器、载荷平台。加荷方式为堆载法。堆载法是在载荷平台（如钢梁）上放置预制混凝土块（0.8 m×1.0 m×2.0 m）；此法笨重，劳动强度大，加荷不便，其优点是荷载稳定。

③沉降观测装置。沉降观测仪表为百分表。

(3) 试验方法。试验采用慢速维持荷载法。由载荷平台及预制混凝土块组成反力系统。通过反力系统，由液压油泵及千斤顶施加荷载至承压板，对地基施加竖向压力。荷载逐级加在桩顶上，放置在千斤顶上的荷重传感器时刻显示承压板所受荷载大小。地基产生变形沉降时，通过放置在承压板上对称分布的百分表，随时记录各级荷载作用下地基的沉降量。

①荷载分级。加荷等级不小于 8 级，第一级为两倍的加荷量，以后逐级加荷，总加荷量不小于设计要求的两倍。

②变形观测。每加一级荷载的前后，各测读承压板沉降量 1 次。加荷后的第 1 h 内，按间隔 10 min、10 min、10 min、15 min、15 min 观测，以后每 0.5 h 测读 1 次；当 1 h 的沉降量小于 0.10 mm，达到相对稳定标准时，即可加下一级荷载。

③终止加载条件。当出现下列现象之一时，即可终止加载：

· 载荷板周围的土被挤出隆起或出现明显的裂缝。

· 沉降急剧增大，荷载～沉降（$P \sim S$）曲线出现陡降段。

· 在某级荷载作用下，24 h 沉降速率不能达到稳定标准。

· 达不到极限荷载，但最大加载已大于地基承载力设计值的 2 倍。

· 总沉降量大于等于承压板宽度（或直径）的 0.06。

1.3.3 圆锥动力触探试验

圆锥动力触探试验，是用一定质量的重锤，以一定高度的自由落距，将与探杆相连接的标准规格的探头打入岩土中，根据探头贯入岩土中一定深度所需要的锤击数，判断地基的承载力。

1. 仪器设备

圆锥动力触探试验设备包括落锤、锤垫、触探杆和探头，圆锥动力触探试验的类型可分为轻型、重型和超重型三种，其规格和适用土类应符合表 1-5 所示。

表 1-5 圆锥动力触探类型

类型		轻型	重型	超重型
落锤	锤的质量/kg	10	63.5	120
	落距/cm	50	76	100
探头	直径/mm	40	74	74
	锥角/°	60	60	60
探杆直径/mm		25	42	50～60
指标		贯入 30 cm 的读数 N_{10}	贯入 10 cm 的读数 $N_{63.5}$	贯入 10 cm 的读数 N_{120}
主要适用岩土		浅部的填土、砂土、粉土、黏性土	砂土、中密以下的碎石土、极软岩	密实和很密的碎石土、软岩、极软岩

2. 试验方法

(1) 轻型圆锥动力触探试验。轻型圆锥动力触探试验试用于一般黏性土、素填土和进行验槽、检验与地基加固与改良效果、贯入深度不大于 4.0 m，落锤的落距应为 50 cm。

试验时应先用钻具钻至预定试验深度以上 0.1 m，放置好触探设备，对所要试验的土层连续击入探头。以每贯入 30 cm 时的锤击数为试验指标，以 N_{10} 表示。

当遇到密实土层，当 $N_{10}>100$ 或贯入 15 cm 锤击数超过 50 时，可停止试验。

(2) 重型、超重型圆锥动力触探试验。重型圆锥动力触探试验适用于中砂、粗砂、砾砂、圆（角）砾和极软岩；超重型圆锥动力触探试验适用于密实的很密的卵（碎）石土和极软岩、软岩。

重型、超重型圆锥动力触探试验的设备应水平稳固地安装。落锤的落距，重型圆锥动力触探试验应为 76 cm，超重型圆锥动力触探试验应为 100 cm，落锤应能自由起落，锤垫距孔口的高度不宜超过 1.5 m。

锤击应连续进行，锤击速率应控制在每分钟 15～30 击，并做好试验数据的记录。重型圆锥动力触探和超重型圆锥动力触探的试验指标均为每贯入 10 cm 的锤击数，以 $N_{63.5}$ 和 N_{120} 表示。

贯入深度和锤击数记录方法应符合下列要求：

①记录每贯入 10 cm 的锤击数；

②记录一阵击贯入和相应锤击数，宜以 5 击为一阵击。

在贯入过程中，应随时检查探杆的偏斜情况，经常紧固各测试部件。

重型圆锥动力触探的试验，每贯入 10 cm 所需的击数连续 3 次大于 50 击时，应停止试验，并改为超重型圆锥动力触探试验。

试验可在钻孔中分段进行，每一段试验的试验宜连续进行，中间不应停顿。

(3) 资料整理。重型、超重型圆锥动力触探试验的锤击数，应根据一阵击的锤击数和贯入量，按下式换算成每贯入 10 cm 的锤击数 $N_{63.5}$、N_{120}。

$$N_{63.5(120)}=\frac{n\times 10}{\Delta_s} \tag{1-1}$$

式中，n——每一阵击的锤击数；

Δ_s——阵击的贯入量（cm）。

重型圆锥动力触探试验的锤击数，需要进行触探杆长度校正时，可以按下式进行：

$$N'_{63.5}=\alpha N_{63.5} \tag{1-2}$$

式中，$N'_{63.5}$——校正后的锤击数；

$N_{63.5}$——实测锤击次数；

α——触探杆长度校正系数，如表 1-6 所示。

表 1-6 重型圆锥动力触探探杆长度校正系数

α/m \ $N_{63.5}$	5	10	15	20	25	30	35	40	≥50
≤2	1.0	1.0	1.0	1.0	1.0	1.0	1.0	1.0	—
4	0.96	0.95	0.93	0.92	0.90	0.89	0.87	0.84	0.84
6	0.93	0.90	0.88	0.85	0.83	0.81	0.79	0.78	0.75
7	0.90	0.86	0.83	0.80	0.77	0.75	0.73	0.71	0.67
10	0.88	0.83	0.79	0.75	0.72	0.69	0.67	0.64	0.61
12	0.85	0.79	0.75	0.70	0.67	0.64	0.61	0.59	0.55

1.3.4 静力触探试验

静力触探试验，是通过静力浆标准圆锥形探头匀速压入土中，更具测定触探头的贯入阻力，判定土的物理力学特性的一种原位试验方法。

1. 适用范围

静力触探试验适用于软土、一般黏性土、粉土、砂土和含有少量碎石的土。

2. 仪器设备

静力触探可根据工程需要采用单桥探头、双桥探头或带孔隙水压力量测的单、双桥探头。

单桥触探头和双桥触探头的规格应符合表 1-7 的规定，且触探头的外形尺寸和结构应符合下列规定：

（1）锥头与摩擦筒应同心。

（2）双桥探头的摩擦筒应紧挨锥头，当连接部位有倒角时，其倒角应为 45°且摩擦筒与锥头的间距不应大于 10 mm。

（3）双桥探头锥头等直径部分的高度，不应超过 3 mm。

表 1-7 单桥和双桥静力触探头规格

锥底截面积/cm²	锥底直径/mm	锥角/°	单桥触探头	双桥触探头	
			有效侧壁长度/mm	摩擦筒表面积/cm²	摩擦筒长度/mm
10	35.7	60	57	150	133.7
15	43.7	60	70	300	218.5
20	50.4	60	81	300	189.5

3. 现场检测

（1）静力触探设备的安装应符合下列要求：

①检测孔应避开地下电缆、管线以及其他地下设施。

②应根据检测深度和表面土层的性质，选择适应的反力装置。

③静力触探设备安装应平稳、牢固。

（2）静力触探头的选择与率定应符合下列要求：

①应根据土层性质和预估静力触探试验贯入阻力，选择分辨率合适的静力触探头；

②试验前，静力触探头应连同仪器、电缆在室内进行率定。测试时间超过三个月时，每个月应对静力触探率定一次；当发现异常情况时，应重新率定。静力触探头应连同仪器、电缆进行定期标定，室内探头标定测力传感器的非线性误差、重复性误差、滞后误差、温度漂移、归零误差均应小于1 %FS，现场试验归零误差应小于3 %，绝缘电阻不小于500 MΩ。

（3）静力触探试验现场操作应符合下列规定：

①现场量测仪器应与率定触探头时的量测仪器相同。贯入前，应连接量测仪器对触探头进行试压，检查顶柱、锥头、摩擦筒是否能正常工作。

②装卸触探头时，不应转动触探头。

③先将触探头贯入0.5～1.0 m，然后提升5～10 cm，待量测仪器无明显零漂移时，记录初始读书或调整零位，方能开始正式贯入。

④探头应匀速垂直压入土中，速率应控制在1.2 m/min。

⑤当贯入深度超过30 m，或穿过厚层软土后再贯入硬土层时，应采取措施防止孔斜或断杆，也可配置测斜探头，量测触探孔的偏斜角，校正土层界线的深度。

1.3.5　标准贯入试验

标准贯入试验是动力触探类型之一，其利用质量为63.5 kg的穿心锤，以76 cm的恒定高度自由落下，将标准规格的贯入器，自钻孔底部预打15 cm，然后开始记录锤击数目，侧记再打入30 cm的锤击数，判定土的物理力学特性。

1. 适用范围

标准贯入试验是国内广泛应用的一种现场原位测试手段，它不仅可用于砂土的测试，也可用于粉土和一般黏性土的测试。

2. 仪器设备

标准贯入试验设备应由以下部件构成，其规格应符合表1-8的规定。

（1）贯入器。由具有刃口的贯入器靴、对开式贯入器身（对开管）和带有排水阀的贯入器头组成。

（2）落锤系统。由穿心锤、锤垫、导向杆、自动落锤装置组成。

（3）钻杆。

表 1-8　标准贯入试验设备规格

落　锤		锤的质量/kg	63.5
		落距/cm	76
贯入器	对开管	长度/mm	>500
		外径/mm	51
		内径/mm	35
	管　靴	长度/mm	50～76
		刃口角度/°	18～20
		刃口单刃厚度/°	1.6
钻　杆		直径/mm	42
		相对弯曲	<1 ‰

3. 现场检测

（1）试验准备。

①钻孔采用回转钻进，钻孔垂直度应符合钻探规程的规定，孔径宜为 76～150 cm。

②钻具钻进至试验深度以上 15 cm 时，停止钻进，清除孔底残土，残土厚度不得超过 5 cm,清孔应避免孔底以下土层被扰动。

③当在地下水位以下的土层中试验时，应保持孔内水位高于地下水位；当孔壁不稳定时应采用泥浆或套管护壁；采用套管时，套管不应推进至试验段内。

④贯入器、钻杆、锤垫、导向杆各部件的连接必须牢固，并保持连接后的垂直度；孔口宜采取导向措施。

⑤贯入器应平稳放至孔底，严禁冲击或压入孔底。

（2）实验步骤。

①试验必须采用自动落锤装置，并保持钻杆垂直，避免摇晃。

②试验时先预打 15 cm（包括贯入器在其自重下的初始贯入量），然后开始试验锤击。

③将锤提升至规定高度，使锤自动脱钩，自由下落，反复击打，锤击速率不应超过 30 击/分钟。记录每贯入 10 cm 的锤击数，累计记录贯入 30 cm 的锤击数为标准贯入试验锤击数 N。

④当锤击数超过 50 击，而贯入深度尚未达到 30 cm 时，可终止试验，记录实际贯入深度，按下式换算成相应于贯入 30 cm 的标准贯击数 N。

⑤当在一次试验的 30 cm 贯入深度内有不同地层时，可根据各层击数和贯入量按下式分别计算其 N 值。

$$N=\frac{30n}{\geqslant\Delta_s} \tag{1-3}$$

式中，Δ_s——实际的贯入深度（cm）；

n——贯入 Δ_s 深度的锤击数。

⑥每一深度的试验锤击过程不应有中间停顿，如因故发生中间停止，应注明原因和停

止间歇时间。

⑦试验结束提出贯入器后，应打开对开管，对土样进行鉴别和描述，并根据需要采取扰动土试样。

（3）资料整理。

①标准贯入试验成果应绘制标准贯击数 N 与试验深度 h 的关系曲线，或按规定图例标示在工程地质剖面图和柱状图上。统计分层标准贯击数平均值时，应剔除异常值。

②当需要进行钻杆长度修正，且钻杆长度不大于 21 m 时，可采用下式计算：

$$N'-\alpha\times N \tag{1-4}$$

式中，N'——经杆长修正的标准贯击数；

α——杆长修正系数，按表 1-9 取值。

表 1-9　杆长修正系数

钻杆长度/m	≤3	6	9	12	15	18	21
α	1.00	0.92	0.86	0.81	0.77	0.73	0.70

任务 1.4　基桩检测

1.4.1　单桩静载试验

桩基静载试验是运用在工程上对桩基承载力检测的一项技术。在确定单桩极限承载力方面，它是目前最为准确、可靠的检验方法，作为判定某种动载检验方法是否成熟，均以静载试验成果的对比误差大小为依据。因此，每种地基基础设计处理规范都把单桩静载试验列入首要位置。

1. 实验目的

静载试验采用接近于竖向抗压桩的实际工作条件的试验方法，确定单桩竖向（抗压）极限承载力，作为设计依据，或对工程桩的承载力进行抽样检验和评价。当埋设有桩底反力和桩身应力、应变测量元件时，尚可直接测定桩周各土层的极限侧阻力和极限端阻力。除对于以桩身承载力控制极限承载力的工程桩试验加载至承载力设计值的 1.5～2 倍外，其余试桩均应加载至破坏。

2. 仪器与设备

（1）反力装置：设计承载力特征值均为 200 kPa，反力设备按最大 60～80 t 准备，在事先砌筑的砖墙上放置 8 根 6 m 长的工字钢作为载荷平台，载荷平台上周围用土袋码砌，然后装入砂土作为荷重。

（2）测力装置：采用 100 t 油压千斤顶加压，千斤顶型号：QYL100，额定起重量：100 t，最低高度不大于 335 mm，起重高度不小于 180 mm。

（3）载荷板：荷载板采用 1 m^2 的方形钢板和圆形钢板以及 0.866 m^2 的圆形钢板。为防止载荷板产生翘曲变形，又在载荷板上面放置边长为 0.8 m 的方形钢板和直径为 0.8 m 的圆形钢板。

（4）变形测量装置：百分表（精度 0.01 mm）。

（5）荷载可用放置于千斤顶上的应力环、应变式压力传感器直接测定，或采用连于千斤顶的压力表测定油压，根据千斤顶率定曲线换算荷载。试桩沉降一般采用百分表或电子位移计测量。对于大直径桩应在其 2 个正交直径方向对称安置 4 个位移测试仪表，中等和小直径桩径可安置 2～3 个位移测试仪表。沉降测定平面离桩顶距离不应小于 0.5 倍桩径，固定和支承百分表的夹具和基准梁在构造上应确保不受气温、振动及其他外界因素影响而发生竖向变位。

3. 检测方法

我国大部分的检测规范（规定）都制定的是“慢速维持荷载法”，其做法是按一定要求将荷载分级加到桩上，在桩下沉未达到某一规定的相对稳定标准前，该级荷载维持不变；当达到稳定标准时，继续加下一级荷载；当达到规定的终止试验条件时终止加载；然后在分级卸载到零。试验周期一般为 3～7 天。每级加载为预估极限的 1/10～1/15，第一级可按两倍分级荷载加荷。每级加载后间隔 5 min、10 min、15 min 各测读一次，以后每隔 15 min 测读一次，累计 1 h 以后每隔 30 min 测读一次。每次测读值计入试验记录表。每一小时的沉降不超过 0.1 mm，并连续出现两次（由 1.5 h 内连续三次观测值计算），认为已达到相对稳定，可加一级荷载。

快速维持荷载法在加载试验的过程中，不要求观测桩顶下沉的相对稳定，而以等时间间隔连续加载，所测得的下沉仅为桩周土的瞬时下沉。与慢速维持荷载法相比，测得的下沉不受时间影响，整个试验持续时间只需几个小时。

1.4.2 堆载法

堆载法是单桩竖向静载试验提供反力的一种方式，即通过以试桩为中心搭设试验平台，码放沙袋、混凝土配重、钢锭等，通过千斤顶加压，给试桩提供竖向压力，从而检验试桩的承载力是否满足设计要求桩的测试方法分为静载荷试验和动力测桩两大类，还有抽芯法和静力、动力触探以及埋设传感器法等辅助类方法。

目前桩的静载荷试验主要采用锚桩法、堆载平台法、地锚法、锚桩和堆载联合法以及孔底预埋顶压法等。

桩的动测技术 RS、RSM 系列、CE 系列、PDA、EFI 系列动力设备，用低应变法检测桩的完整性，用高应变法检测桩的承载力和桩的完整性。高应变法试桩一般用 CASE 法、CAPWAP 法。低应变检测常用应力波反射法（锤击波动法）、声波透射法。

1. 检测方法

（1）各类桩、墩及桩墙结构完整性检测，一般采用低应变或高应变动力试桩法检测。

大直径桩宜采用声波透射法或钻芯法检测。

(2) 由散体材料桩或低黏结强度桩和土组成的复合地基（碎石桩、石灰桩等），采用静载荷试验也可采用静力触探分别对桩和土进行检测，确定复合地基承载力。

(3) 由高黏结强度桩和土组成的复合地基（水泥土桩、CFG 桩、低标号混凝土桩等），采用静载荷试验检测竖向承载力。单桩承载力的检测同其他刚性桩一致。

(4) 复合地基中，桩、土荷载分担比的检测一般采用钢弦或压力盒通过静载荷试验进行测定。也可采用特制的应力传感器测试。

(5) 施工中由于震动对环境的影响，一般采用质点速度监测系统或加速度监测系统进行测试，也可用地震仪检测。

(6) 施工中由于挤土效应对环境的影响，用变形传感器（测斜仪）进行监测，也可用沉降变形标配合水平仪，经纬仪检测。

(7) 施工中噪音的测试可以采用分贝计加以判定。

(8) 使用阶段桩体应力一应变的测试，使用钢筋应力计，混凝土应力计或特制的传感器。

(9) 当桩长大于 30 m，用其他检测手段难以准确判定桩完整性时，可采用抽芯的方法，抽芯还可以较准确地判断桩体混凝土的强度。也可采用声波透射法进行检测。

2. 施工工艺

本段路基采用堆载预压处理，预压土柱高 3.5 m，预压期不少于 6 个月。在加固处理后的地基上填筑路堤，并为加快地基的沉降固结，尽快完成路基沉降而在路基上加筑土料荷载的施工。

设计有堆载预压的路段，在路基基床底层填筑碾压合格后预压土填筑施工前，于堆载预压土方的底面铺设一土工布层，以利于预压均匀、土方卸除，防止污染路基，然后进行预压荷载填筑。同时也为预压期满后的卸载提供分界依据，防止卸载时扰动基床底层结构，保证路基的整体性和稳固性。土工布铺设时搭接宽度不小于 50 cm，两侧回折的宽度不小于 3 m。填筑完成后将土工布回折于预压土顶面，并用土压好。预压土填筑横断面边坡坡率为 1∶1，纵向边坡坡率为 1∶4。预压土柱高度指土柱顶面相对于基床表层顶面的高差。

预压土按照设计的宽度、高度分层进行填筑，并保证其顶面良好的横向排水坡度。填筑时采用挖掘机或装载机装土，自卸汽车运输，推土机摊铺，平地机配合人工整平，压路机静压，边堆土边摊平，严格控制加载速率，堆载过程中进行沉降观测并保护好沉降观测设施，同时根据沉降观测数据及时调整加载速率。

第一层预压土填筑采用轻型机具摊铺后压实，防止破坏土工布，污染级配碎石层。堆载预压荷载分级逐渐施加，确保每级荷载下地基的稳定性；预压土填筑每层厚度不大于 0.4 m，填筑完成后采用中型碾压机具压实；堆载时应边堆土边摊平，顶面应平整。预压土填筑过程中应加强路基变形与沉降观测，确保路基填筑过程中的稳定，当变形过大时，应暂停加载，待变形稳定后，才能继续加载。路基两侧边沿采用沙袋堆载，堆载两层。预压土的质量应符合规范要求，土中不能出现垃圾、草根及草皮等杂物，没有化学污染等。

堆载完成后的预压期内按照设计要求的频度进行沉降监测。当堆载预压时间达到设计要求后，根据观测资料，分析确定卸载时间。堆载预压完成达到沉降控制要求后，清除预压土及土工布。卸载时用装载机装土，自卸汽车运输至弃土场，机械施工时预留 30 cm 厚度人工清理，以防污染基床底层和破坏基床底层整体性及稳固性，最后清理土工布。

3. 沉降观测

沉降观测设备的埋设是在施工过程中进行的，施工单位的填筑施工要求与设备的埋设做好协调，做到互不干扰、影响。观测设施的埋设及沉降观测工作应按要求进行不能影响路基填筑质量，路基施工不能影响到观测设备。

随着电子技术的发展，桩基静载测试技术也向着自动化测试方向不断发展。在早期阶段，还只是使用“点动”装置，实现了加压的电动泵控制。到了 20 世纪 80 年代，天津建筑科学研究院率先研制出了具有当时较高水平的“自动化”静载测试仪，可惜的是并没有形成商品化，只是在内部使用；随后，江苏省徐州建筑科学研究所研制成功并商品化了在当时技术含量较高的自动化静载测试仪，虽然还存在许多不尽人意的地方，但这毕竟代表着在桩基静载荷测试仪的研发方面走在了世界前面。进入 20 世纪 90 年代以后，又有许多单位从事此项仪器的开发工作，1996 年，武汉岩海公司研制成功了具有当时较高水平的自动化静载测试仪，进入 21 世纪以后，在自动化静载测试仪的研制开发方面，武汉建科科技有限公司异军突起，将先进的虚拟仪器技术和无线数据传输技术应用到了自动化静载测试仪的研制开发上面，先后推出了 ST1000 型静载测试仪和 ST2000 型静载测试仪，实现了在一种型号仪器内多种测试方法并存的无线数据采集系统，解决了现有的测试仪器只能做单一的桩基检测的弊端，可以提供给用户多种测试模式。

1.4.3 钻芯法

1. 检测目的

钻芯法基桩检测技术，时检测现浇混凝土灌注桩的成桩质量的一种有效手段，检测的目的主要有：

(1) 通过对混凝土芯样的胶结情况、有无气孔、松散或断桩等现场外观描述，结合取芯率，综合评判桩身混凝土完整性。

(2) 对芯样进行室内抗压强度试验，确定桩身混凝土强度。

(3) 测定混凝土灌注桩的桩长，检验施工记录桩长是否真实。

(4) 测定桩底沉渣厚度，检验桩底沉渣是否符合设计或规范的要求。

(5) 根据钻取得到桩端持力层芯样，必要时采取一定的室内试验室手段，判定或鉴别持力层岩土性状和厚度是否符合设计或规范要求。

2. 一般规定

每根受检桩的钻芯孔数和钻孔位置，应符合下列规定：

(1) 桩径小于 1.2 m 的桩的钻孔数量可为 1～2 个孔，桩径为 1.2～1.6 m 的桩的钻孔数量宜为 2 个孔，桩径大于 1.6 m 的桩钻的钻孔数量宜为 3 个孔。

（2）当钻芯孔为 1 个时，宜在距桩中心 10～15 cm 的位置开孔；当钻芯孔为 2 个或 2 个以上时，开孔位置宜在距桩中心 0.15～0.25 cm 范围内均匀对称布置。

（3）当选择钻芯法对桩身质量、桩底沉渣、桩端持力层进行验证检测时，每根受检桩的钻孔数量可为 1 个孔。

3. 芯样试件截取与加工

（1）截取混凝土抗压芯样试件应符合下列规定：

①当桩长小于 10 m 时，每孔应截取 2 组芯样；当桩长为 10～30 m 时，每孔应截取 3 组芯样，当桩长大于 30 m 时，每孔应截取芯样不少于 4 组。

②上部芯样位置距桩顶设计标高不宜大于 1 倍桩径或超过 2 m，下部芯样位置距桩底不宜大于 1 倍桩径或超过 2 m，中间芯样应等间距截取。

③缺陷位置能取样时，应截取 1 组芯样进行混凝土抗压试验。

④同一基桩的钻芯孔数大于 1 个，且某一孔在某深度存在缺陷时，应在其他孔的该深度处截取 1 组芯样进行混凝土抗压试验。

（2）每组混凝土芯样应制作 3 个抗压试件。

4. 试验步骤

（1）试验前，应对芯样试件的几何尺寸做下列测量。

① 平均直径：在相互垂直的两个位置上，用游标卡尺测量芯样表面直径偏小的部位的直径，取其两次测量的算术平均值，精确至 0.5 mm。

② 芯样高度：用钢卷尺或钢板尺进行测量，精确至 1 mm。

③ 垂直度：用游标量角器测量两个端面与母线的夹角，精确至 0.1。

④ 平整度：用钢卷尺或角尺紧靠在芯样端面上，一面转动钢板尺，一面用塞尺测量与芯样端面之间的缝隙。

（2）芯样试件抗压强度试件试验：

①混凝土芯样试件的抗压强度试验应按现行国家标准《普通混凝土力学性能试验方法标准》（GB/T50081）执行。

②在混凝土芯样试件抗压强度试验中，当发现试件内混凝土粗骨料最大粒径大于 0.5 倍芯样试件平均直径，且强度值异常时，该试件的强度值不得参与统计平均。

③混凝土芯样试件抗压强度应按下式计算：

$$f_{cor}=\frac{4P}{\pi d^2} \tag{1-5}$$

式中，f_{cor}——混凝土芯样试件抗压强度（MPa），精确至 0.1 MPa；

P——芯样试件抗压试验测得的破坏荷载（N）；

d——芯样试件的平均直径（mm）。

④混凝土芯样试件抗压强度可更具本地区的强度折算系数进行修正。

⑤桩底岩芯单轴抗压强度试验以及岩石单轴抗压强度标准值得确定，宜按现行国家标

准《建筑地基基础设计规范》(GB50007) 执行。

5. 检测数据分析与判定

(1) 每根受检桩混凝土芯样试件抗压强度的确定应符合下列规定:

①取一组 3 块试件强度的平均值,作为该组芯样混凝土芯样试件抗压强度检测值。

②同一受检桩同一深度部位有两组或两组以上混凝土芯样试件抗压强度代表值时,取其平均值为该桩该深度处混凝土芯样试件抗压强度检测值。

③取同一受检桩不同深度位置的混凝土芯样试件抗压强度值中的最小值,作为该桩混凝土芯样试件抗压强度检测值。

(2) 桩端持力层性状应根据持力层芯样特征、并结合岩石芯样单轴抗压强度检测值、动力触探或标准贯入试验结果,进行综合判定或鉴别。

(3) 桩身完整性类别应结合钻芯孔数、现场混凝土芯样特征、芯样试件抗压强度试验结果,按表 1-10 和表 1-11 所列特征进行综合判定。

当混凝土出现分层现象时,应截取分层部位的芯样进行抗压强度试验。当混凝土抗压强度满足设计要求时,可判为Ⅱ类;当混凝土抗压强度不满足设计要求或不能制作成芯样试件时,应判为Ⅳ类。

多于三个钻芯孔的基桩桩身完整性可类比表 1-11 的三孔特征进行判定。

表 1-10 桩身完整性分类

桩身完整性类别	分类原则
Ⅰ类桩	桩身完整
Ⅱ类桩	桩身有轻微缺陷,不会影响桩身结构承载力的正常发挥
Ⅲ类桩	桩身有明显缺陷,对桩身结构承载力有影响
Ⅳ类桩	桩身存在严重缺陷

表 1-11 桩身完整性判定

类别	特征		
	单孔	两孔	三孔
Ⅰ	混凝土芯样连续、完整、胶结好,芯样侧面表面光滑、骨料分布均匀,芯样呈长柱状、断口吻合		
	芯样侧面仅见少量气孔	局部芯样侧面有少量气孔、蜂窝麻面、沟槽,但在另一孔同一深度部位的芯样中未出现,否则应判为Ⅱ类	局部芯样侧面有少量气孔、蜂窝麻面、沟槽,但在三孔的同一深度部位的芯样中未同时出现,否则应判为Ⅱ类

（续表）

<table>
<tr><th rowspan="2">类别</th><th colspan="3">特　征</th></tr>
<tr><th>单　孔</th><th>两　孔</th><th>三　孔</th></tr>
<tr><td rowspan="2">Ⅱ</td><td colspan="3">混凝土芯样连续、完整、胶结较好，芯样侧面表面较光滑、骨料分布基本均匀，芯样呈柱状、断口基本吻合。有下列情况之一</td></tr>
<tr><td>(1) 局部芯样侧面有蜂窝麻面、沟槽或较多气孔
(2) 芯样侧表面蜂窝麻面严重、沟槽连续或局部芯样骨料分布极不均匀，但对应部位的混凝土芯样试件抗压强度检测值满足设计要求，否则应判为Ⅲ类</td><td>(1) 芯样侧表面有较多气孔，严重蜂窝麻面．连续沟槽或局部混凝土芯样骨料分布不均匀，但在两孔的同一深度部位的芯样中未同时出现
(2) 芯样侧表面有较多气孔，严重蜂窝麻面、连续沟槽或局部混凝土芯样骨料分布不均匀，且在另一孔的同一深度部位的芯样中同时出现；但该深度部位的混凝土芯样试件抗压强度检测值满足设计要求，否则应判为Ⅲ类
(3) 任一孔局部混凝土芯样破碎段长度不大于 10 cm，且在另一孔的同一深度部位的局部混凝土芯样的外观判定完整性类别为Ⅰ类或Ⅱ类，否则应判为Ⅲ类或Ⅳ类</td><td>(1) 芯样侧表面有较多气孔，严重蜂窝麻面、连续沟槽或局部混凝土芯样骨料分布不均匀，单在三孔的
(2) 芯样侧表面有较多气孔，严重蜂窝麻面、连续沟槽或局部混凝土芯样骨料分布不均匀，且在任两孔或三孔同一深度部位的芯样中同时出现，单改深度混凝土部位的混凝土芯样试件抗压强度检测值满足设计要求，否则应判为Ⅲ类
(3) 任一孔局部混凝土芯样破碎段长度不大于 10 cm，且另外两孔的同一深度部位的局部混凝土芯样外观判定完整性类别为Ⅰ类或Ⅱ类，否则应判为Ⅲ类</td></tr>
<tr><td rowspan="2">Ⅲ</td><td colspan="2">大部分混凝土芯样胶结较好，无松散、夹泥现象，有下列情况之一</td><td>大部分混凝土芯样胶结较好，有下列情况之一</td></tr>
<tr><td>(1) 芯样不联系、多呈短柱状或块状
(2) 局部混凝土襄阳破碎段长度不大于 10 cm</td><td>(1) 芯样不联系、多呈短柱状或块状
(2) 任一孔局部混凝土芯样破碎段长度大于 10 cm 但不大于 20 cm，且在另一孔同一深度部位的局部混凝土芯样的外观判定完整性类别为Ⅰ类或Ⅱ类，否则应判为Ⅳ类</td><td>(1) 芯样不连续、多呈短柱状或块状
(2) 任一孔局部混凝土芯样破碎段长度大于 10 cm 但不大于 30 cm，且在另两孔统一深度部位的局部混凝土芯样的外观判定完整性类别为Ⅰ类或Ⅱ类，否则应判为Ⅳ类
(3) 任一孔局部混凝土芯样松散段长度不大于 10 cm，且在另两孔同一深度部位的局部混凝土芯样的外观判定完整性类别为Ⅰ类或Ⅱ类，否则应判为Ⅳ类</td></tr>
</table>

（续表）

类别	特征		
	单 孔	两 孔	三 孔
Ⅳ	有下列情况之一		
	（1）因混凝土胶结质量差而难以钻进 （2）混凝土芯样任一段松散或夹泥 （3）局部混凝土芯样破碎长度大于 10 cm	（1）任一孔因混凝土胶结质量差而难以钻进 （2）混凝土芯样任一段松散或夹泥 （3）任一孔局部混凝土芯样破碎长度大于 20 cm （4）两孔在同一深度部位的混凝土芯样破碎	（1）任一孔因混凝土胶结质量差而难以钻进 （2）混凝土芯样任一段夹泥或松散段长度大于 10 cm （3）任一孔局部混凝土芯样破碎长度大于 30 cm （4）其中两孔在同一深度部位的混凝土芯样破碎、夹泥或松散

注：当上一缺陷的底部位置标高与下一缺陷的顶部位置标高的高差小于 30 cm 时，可认定两个缺陷处于同一深度部位。

（4）成桩质量评价应按单根受检桩进行。当出现下列情况之一时，应判定该受检桩不满足设计要求：

①混凝土芯样试件抗压强度检测值小于混凝土设计强度等级。

②桩长、桩底沉渣厚度不满足设计要求。

③桩底持力层岩土性状（强度）或厚度不满足设计要求。

1.4.4 低应变法

1. 方法使用范围及特点

基桩低应变动测是通过对桩顶施加激振能量，引起桩身及周围土体的微幅振动，用仪表记录桩顶的速度和加速度，利用波动理论对记录结果加以分析，目的是判断桩身完整性、预估基桩承载力，具有快速、经济的特点。反射波是目前应用最普通、最常用的一种检测方法。

2. 仪器设备

基桩动测仪通常由测量和分析两大系统组成。测量系统包括激振设备、传感器、放大器、数据采集、记录指标器组成；分析系统由动态信号分析仪或微机根据各动力试桩方法原理所编制的计算分析软件包组成。目前许多厂家把放大器、数据采集、记录储存、数字计算分析软件融为一体，称之信号采集分析仪，如图 1-1 所示。

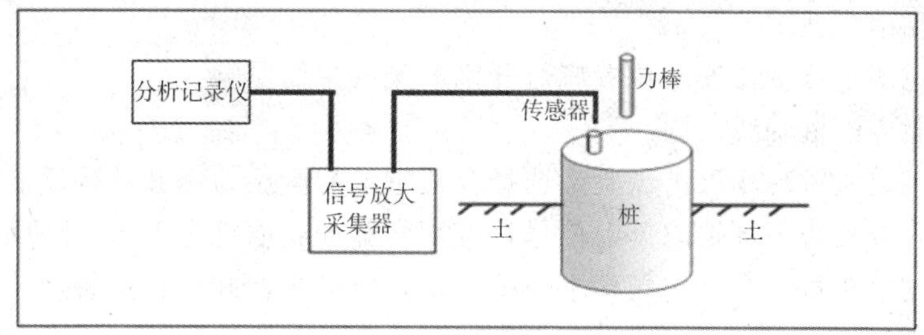

图 1-1　反射波现场测试仪器布置

（1）激振设备：通常用手锤或力棒，重量可以变更，锤头或棒头的材料可以更换。

（2）传感器：可采用速度与加速度传感器，若用后者则需在放大器或采集系统或传感器本身中另加积分路线。

（3）放大器：要求放大器的增益高、噪声低、频带宽。对速度传感器用电压放大器；对加速度传感器则采用电荷放大器。放大器的增益应大于 60 dB，折合到输出端的噪声则应低于 3 dB，频带宽不窄于 10～5 000 Hz，滤波频率应可调。

（4）多道信号采集分析仪：要求仪器体积小，重量轻，性能稳定，便于野外使用，同时具备数据采集、记录贮存、数字计算和信号分析的功能。模/数转换器（A/D）的位数不得小于 12 bit，采样间隔宜为 10～500 μs，且分档可调；采样长度，每个通道不小于 1 024个采样点，各通道的性能应具有良好的一致性，其振幅偏差应小于 3 %，相位偏差小于 0.05 ms；应具有实时时域显示及信号分析功能。

3. 试验要求

（1）受检桩应符合下列规定：

①受检桩混凝土强度不应低于设计值的 70 %，且不低于 15 MPa。

②桩头的材质、强度应与桩身相同，桩头的截面尺寸不宜与桩身有明显差异。桩头的处理：清楚桩顶浮浆及为胶结好的混凝土，使桩头露出坚硬的混凝土表面，并使桩面与桩轴线垂直，必要时使用砂轮机磨平，不应采用水泥浆打平层，以免砂浆结合不好造成误判。在打磨的过程中，不应损坏桩头整体性，因为一旦桩头受损势必在检测时带来较多的子波干扰，造成信号的复杂化，给正确判别桩身质量带来一定难度。

（2）测试参数设定，应符合下列规定：

①时域信号记录的试件段长度应在 $2L/c$ 时刻后延续不少于 5 ms；幅频信号分析的频率范围上限不应小于 2 000 Hz。

②设定桩长应为桩顶测点至桩底的施工桩长，设定桩身截面面积应为施工截面积。

③桩身波速可根据本地区同类型桩的测试值初步设定。

④采样时间间隔或采样频率应根据桩长、桩身波速和频域分辨率合理选择；时域信号采样点数不宜少于 1 024 点。

⑤传感器的设定值按计量检定或校准结果设定。

（3）测量传感器安装和激振操作，应符合下列规定：

①安装传感器部位的混凝土应平整；传感器安装应与桩顶面垂直，用耦合剂黏结时，

应具有足够的黏结强度。

②激振点与测量传感器安装位置应避开钢筋笼的主筋影响。

③激振方向应沿桩轴线方向。

④瞬态激振应通过现场敲击试验，选择合适重量的激振力锤和软硬适合的锤垫；宜用宽脉冲获取桩底或桩身下部缺陷反射信号，宜用窄脉冲获取桩身上部缺陷反射信号。

⑤稳态激振应在每一个设定频率下获得稳定响应信号，并应根据桩经、桩长击桩周土约束情况调整激振力大小。

(4) 信号采集和筛选，应符合下列规定：

①根据桩径大小，桩心对称布置 2～4 个安装传感器的检测点：实心桩的激振点和检测点应选择在桩中心，检测点宜在距桩中心 2/3 半径处；空心桩的激振点和检测点宜为桩壁厚的 1/2 处，激振点和检测点与桩中心连线形成的夹角宜为 90°，如图 1-2 所示。

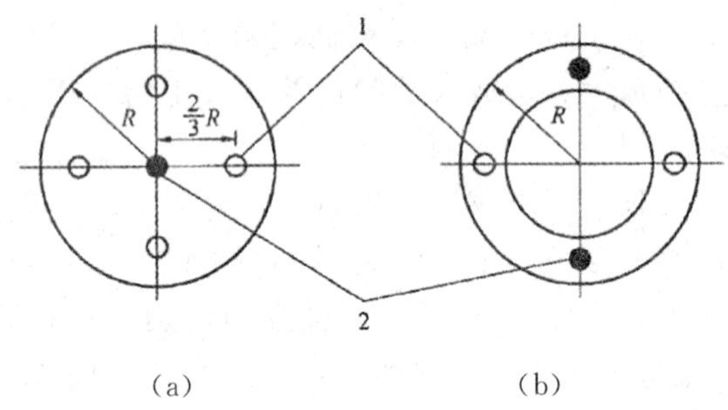

图 1-2　传感器安装点、激振（锤击）点布置

(a) 实心桩　(b) 空心桩

1—传感器安装点；2—激振锤击点

②当桩径较大或桩上部横截面尺寸不规则时，除应按上款在规定的激振点和检测点位置采集信号外，尚应根据实测信号特征，改变激振点和检测点的位置采集信号。

③不同检测点及多次实测时域信号一致性较差时，应分析原因，增加检测点数量。

④信号不应失真和产生零漂，信号幅值不应大于测量系统的量值。

⑤每个检测点记录的有效信号数不宜少于 3 个。

应根据实测信号反映的桩身完整性情况，确定采取变换激振点位置和增加检测点数量的方式再次测试，或结束测试。

4. 检测数据分析与判定

(1) 桩身波速平均值的确定，应符合下列规定：

①当桩长已知、桩底反射信号明确时，应在地基条件、桩型、成桩工艺相同的基桩中，选取不少于 5 根 Ⅰ 类桩的桩身波速值，按下列公式计算其平均值：

$$c_m = \frac{1}{n}\sum_{i=1}^{n} c_i \tag{1-6}$$

$$c_i = \frac{2000L}{\Delta T} \tag{1-7}$$

$$c_i = 2L \cdot \Delta f \tag{1-8}$$

式中，c_m——桩身波速的平均值（m/s）；

c_i——第 i 根受检桩的桩身波速值（m/s），且 $|c_i - c_m|/c_m$ 不宜大于 5 %；

L——测点下桩长（m）；

ΔT——速度波第一峰与桩底反射波峰间的时间差（m_s）；

Δf——幅频曲线上桩底相邻谐振峰间的频差（Hz）；

n——参加波速平均值计算的基桩数量（$n=5$）。

②桩身缺陷位置应按下列公式计算：

$$x=\frac{1}{2000}\Delta t_x \cdot c \tag{1-9}$$

$$x=\frac{1}{2}\cdot\frac{c}{\Delta f} \tag{1-10}$$

式中，x——桩身缺陷至传感器安装点的距离（m）；

Δt_x——速度波第一峰与缺陷反射波峰间的时间差（m_s）；

c——受检桩的桩身波速（m/s），无法确定是可用桩身波速的平均值替代；

$\Delta f'$——幅频信号曲线上缺陷相邻谐振峰间的频差（Hz）。

③桩身完整性类别应结合缺陷出现的深度、测试信号衰减特性以及设计桩型，成桩工艺、地基条件、施工情况，按表 1-12 所列时域信号特征或幅频信号进行综合分析判定。

表 1-12　桩身完整性判定

类别	时域信号特征	幅频信号特征
Ⅰ	$2L/c$ 时刻前无缺陷反射波，有桩底反射波	桩底谐振峰排列基本等间距，其相邻频差 $\Delta f \approx c/2L$
Ⅱ	$2L/c$ 时刻前出现轻微缺陷反射波，有桩底反射波	桩底谐振峰排列基本等间距，其相邻频差 $\Delta f \approx c/2L$，轻微缺陷 产生的谐振峰与桩底谐振峰之间的频差 $\Delta f' > c/2L$
Ⅲ	有明显缺陷反射波，其他特征介于Ⅱ类和Ⅳ类之间	
Ⅳ	$2L/c$ 时刻前出现严重缺陷反射波或周期性反射波，无桩底反射波；或因桩浅部严重缺陷使波形呈现低频大振幅衰减振动，无桩底反射波	缺陷谐振峰排列基本等间距，相邻频差 $\Delta f' > c/2L$，无桩底谐振峰；或因桩身浅部严重缺陷只出现单一谐振峰，无桩底谐振峰

注：对同一场地、地质条件相近、桩型和成桩工艺相同的基桩，因桩端部分桩身阻抗与持力层阻抗相匹配导致实测信号无桩底反射波时，可按本场地同条件下有桩底反射波的其他桩实测信号判定桩身完整性类别。

1.4.5　高应变法

高应变动力检测是用重锤给桩顶一竖向冲击荷载，在桩顶两侧距桩顶一定距离对称安装力和加速度传感器，量测力和桩、土系统响应信号，从而计算分析桩身结构完整性和单桩承载力。

1. 适用范围

本方法适用于检测基桩的竖向抗压承载力和桩身完整性；监测预制桩打入时的桩身应力和锤击能量传递比，为选择沉桩工艺参数及桩长提供依据。对于大直径扩底桩和预估Q—S曲线具有缓变性特征的大直径灌注桩，不宜采用本方法进行竖向抗压承载力检测。

2. 仪器设备

锤击设备可采用筒式柴油锤、液压锤、蒸汽锤等具有导向装置的打桩机械，但不得采用导杆式柴油锤、振动锤。

3. 检测方法

(1) 检测前的准备工作应符合下列规定：

①对不满足表1-13规定的休止试件的预制桩，应根据本地区的经验，合理安排复打时间，确定承载力的时间效应。

表1-13 休止时间

土的类别	休止时间/d	土的类别		休止时间/d
砂土	7	黏性土	非饱和	15
粉土	10		饱和	25

注：对于泥浆护壁灌注桩，宜适当延长休止时间。

②桩顶面应平整，桩顶高度应满足锤击装置的要求，桩锤重心应与桩顶对中，锤击装置架立应垂直。

③对不能承受锤击的桩头应做加固处理。

· 混凝土桩应凿掉桩顶部的破碎层以及软弱或不密实的混凝土。

· 桩头顶面平整，桩头中轴线与桩身上部的中轴线应重合。

· 桩头主筋应全部直通至桩顶混凝土保护层之下，各主筋应在同一高度上。

· 距桩顶1倍桩径范围内，宜用厚为3～5 mm的钢板围裹或距桩顶1.5倍桩径范围内设置箍筋，间距不宜大于100 mm。桩顶应设置钢筋网片1～2层，间距60～100 mm。

· 桩头混凝土强度等级应比桩身混凝土提高1～2级，且不低于C30。

· 高应变法检测的桩头测点处截面尺寸应与原桩身截面尺寸相同。

· 桩顶应用水平尺找平。

(2) 参数设定和计算应符合下列规定：

①采样时间间隔宜为50～200 μs，信号采样点数不宜少于1 024点。

②传感器的设定值应按计量检定结果设定。

③自由落锤安装加速度传感器测力时，力的设定值由加速度传感器设定值与重锤质量的乘积确定。

④测点处的桩截面尺寸应按实际测量确定。

⑤测点以下桩长和截面积可采用设计文件或施工记录提供的数据作为设定值。

⑥桩身材料质量密度应按表1-14取值。

表 1-14　桩身材料质量密度（t/m^3）

钢桩	混凝土预制桩	离心管桩	混凝土灌注桩
7.85	2.45～2.50	2.55～2.60	2.40

⑦桩身波速可结合本地经验或按同场地同类型已检桩的平均波速初步设定，现场检测完成后应按。

⑧桩身材料弹性模量应按下式计算：

$$E=\rho \cdot c^2 \tag{1-11}$$

式中，E——桩身材料弹性模量（k/Pa）；

c——桩身应力波传播速度（m/s）；

ρ——桩身材料质量密度（t/m^3）。

4. 检测数据分析与判定

（1）检测承载力时选取锤击信号，宜取锤击能量较大的击次。

（2）当出现下列情况之一时，高应变锤击信号不得作为承载力分析计算的依据：

①传感器安装处混凝土开裂或出现严重塑性变形使力曲线最终未归零。

②严重锤击偏心，两侧力信号幅值相差超过1倍。

③四通道测试数据不全。

（3）桩底反射明显，桩身波速可根据速度波第一峰起升沿的起点到速度反射峰起升或下降沿的起点之间的时差与已知桩长值确定桩身波速可根据下行波波形起升沿的起点到上行波下降沿的起点之间的时差与已知桩长值确定（见图1-3）；桩底反射信号不明显时，可根据桩长、混凝土波速的合理取值范围以及邻近桩的桩身波速值综合确定。

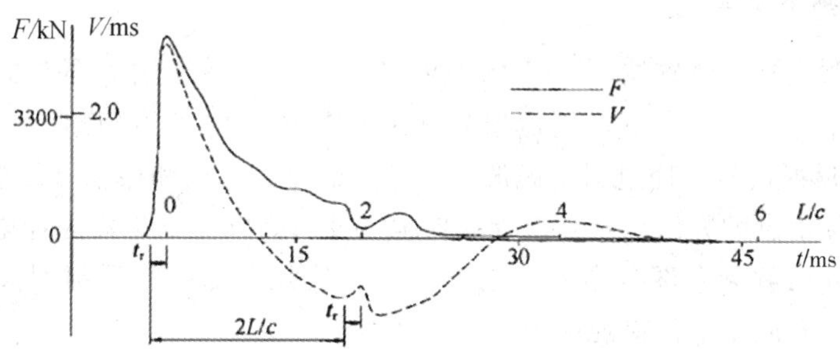

图1-3　桩身波速的确定

任务1.5 地基基础检测的新方法介绍

基础工程属隐蔽工程，为了保证基础的安全可靠，基础工程的质量检查至关重要。常规基础工程的检测方法已经日趋完善，但是随着工程目的的多样化和质量要求的不断提高，许多建设工程中的地基基础设计和施工工艺较为特殊，使得建立在杆状模型的一维波动方程理论基础之上的常规检测手段无能为力，基于这个情况，常使用地质雷达探测作为基础工程常规检测方法的有力补充，这正好发挥了地质雷达高分辨率、高准确性的特点，同时可以数据处理和图像解释，有其独特的效果。同时，还可以采用钻孔电视技术来检测基桩的完整性。

1.5.1 地质雷达法

地质雷达是目前精度最高的物探仪器之一，广泛应用于工程地质、岩土工程、地基处理、道路桥梁、文物考古、混凝土结构探伤等领域。探地雷达能探测 15～50 m 深度，一般能满足工程勘测的需要。但对于以钢筋混凝土为主要材料的基桩，其电性性质与周围土体有明显差异，而且介质性质较均匀，探测深度可能会增加，另外雷达剖面会有较好的效果。

1. 雷达检测基本原理

探地雷达是利用高频电磁波（1～1 000 MH_z），以宽频带短脉冲的形式，在地面通过发射天线（T）将信号送入地下，经地层界面或目的体反射后回到地面，再由接收天线（R）接收电磁波反射信号，通过对电磁波反射信号的时域特征和振幅特征进行分析来了解地层或目的体特征信息的方法。当发射天线向地下发射高频宽频带短脉冲电磁波时，遇到不同介电特性的介质就会有部分电磁波能量返回，接收天线接收反射回波并记录反射时间。电磁波在岩土介质中的传播速度为：

$$V=\frac{c}{\sqrt{E_r}} \tag{1—12}$$

式中，c——电磁波在真空中的传播速度，约为 0.3 m/ns；E_r 为相对介电常数。

电磁波在介质中传播时，其路径一波形将随所通过的介质的电性质及几何形态而变化，根据接收到波的旅行时间（亦即双程走时）、幅度、频率与波形变化资料，可以推断介质的内部结构以及目标的深度、形状等，利用电磁波在介质中的波速和旅行时间可以计算界面深度 $h=\frac{tV}{2}$。当发射天线欲探测物表面移动时就能得到其内部介质剖面图像，其工作原理如图 1-4所示。反射脉冲的信号强度，与界面的波反射系数和穿透介质的波吸收程度有关。

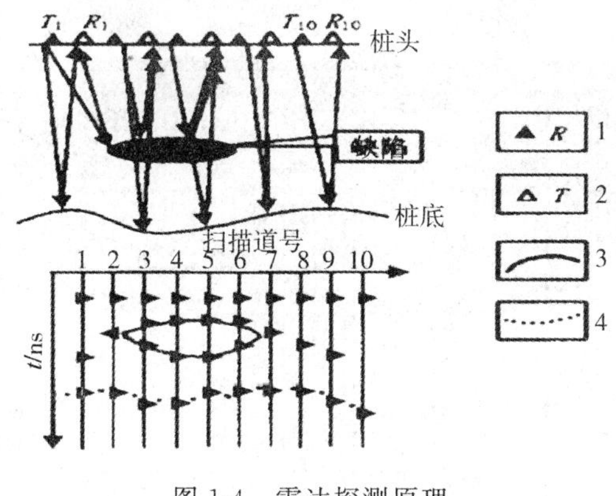

图 1-4　雷达探测原理

2. 雷达检测法的依据、方法

(1) 检测的主要依据。雷达检测的主要依据有《水利水电工程物探规程》(SL 326—2005)、《公路工程物探规程》(JTG/T C22—2009)、《雷达法检测建设工程质量技术规程》(DGJ 32/TJ 79—2009) 等。

(2) 检测时，根据测试技术要求和现场实际情况，选择合适的雷达天线，可采用点测或连续测试的方式，设置合适的各种参数进行现场数据采集，数据处理和反演解释使用仪器生产厂家配备的雷达处理软件对雷达信号进行处理、解释和计算。

3. 应用实例

(1) 深层搅拌桩连体墙质量检测。深层搅拌桩连体墙工程是地下水截流和工程支护方面广泛使用的一种方法。由于桩体相连，对于桩（墙）身质量的检测，采用基于一维杆状模型的常规测桩方法难以实现，而对于高分辨率的探地雷达来说则较为容易。

某止水帷幕工程采用深层搅拌桩连体墙工艺，墙体长 110 m，设计深度 12.0 m 目的是截流帷幕两侧地下水。帷幕一侧是正在使用中的建筑物，另一侧正在进行基坑开挖，并实施了降水处理，开挖过程中发现地面出现多处裂缝，基坑中渗水严重，为此采用探地雷达检测连体墙质量。

图 1-5 是深层搅拌桩连体墙墙体上方沿墙体方向的探测剖面，结果显示，剖面左段帷幕底界较浅，最浅为 11.2 m，右段底界最深处为 12.2 m，平均深度约 11.8 m。剖面上 8.0～11.5 m 深 4.0 m 处表现出杂乱的弧形反射特征，推断深层搅拌桩连体墙结构均一性较差，在土的侧压力和两侧地下水的压差作用下，这一部位会最先遭到破坏，成为地下水的渗漏通道。图 1-6 是垂直于连体墙的剖面，结果显示底界深度为 11.8 m，与图 1-4 吻合较好。图片中另一重要信息是墙体的垂直度，反射波同相轴界面倾斜，反映出连体墙结构已经向左倾斜。这说明由于土和地下水的侧压力作用，墙体倾斜变形，进而引起地面出现多处裂缝。

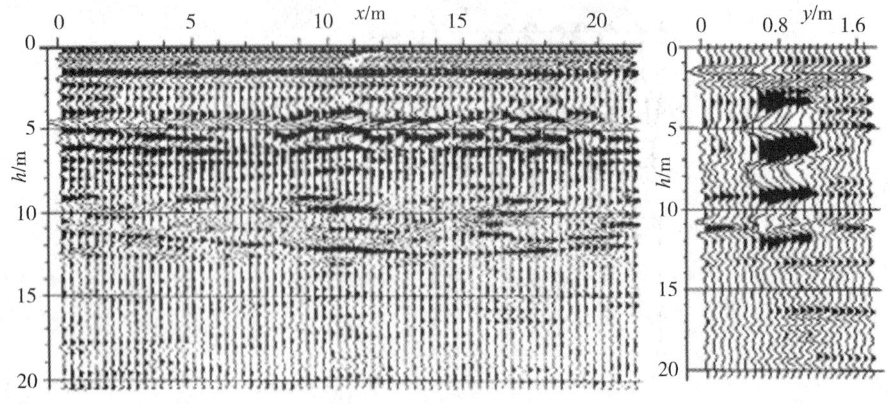

图 1-5　止水帷幕探地雷达探测剖面　　　　图 1-6　垂直帷幕探测剖面

(2) 桩底持力层探测。桩基进入持力层是桩基抗压的必要条件，持力层的局部起伏应当引起桩基长度的相应变化，否则会导致材质浪费或承载力不够，而由此造成的承载力偏低在后期的桩基检测中常被忽视。可以想象，在工程勘察、设计和施工质量均符合规范的情况下，桩基承载力仍达不到设计要求是非常棘手的，这时就需要考虑建筑场地内持力地层局部变化的因素并采用有效的方法获取这一信息。

某地拟建的中心大楼为高层砖砼结构建筑，从钻探资料看，该场地地层分布从上至下为杂填土、黏土层和粉土层。由于天然地基承载力偏低，基础采用灌注桩地基处理，设计有效桩长为 6.5 m。试桩结果桩身质量完整但承载力不够。采用探地雷达测试方法进行场地扫描后发现，基础以下粉土层局部起伏变化较大，桩端未进入目的层（粉土层）内。测试时采用 100 MHz 增强型天线，探测有效深度控制在 12 m 以内，原始记录经滤波处理以灰度图显示。图 1-7 是记录中的 1 条典型剖面，从图中可以看出，上部是杂填土，包括铺设的炉渣层，由于人工压实，成层性较好且稳定。中部是黏土层，其电导率较大而介电常数较小，介质结构相对均匀，故反射信号弱。在 7.5 m 左右的层位是探测的目的层，即粉土层，在剖面上 0～9 m 粉土层埋深 7.5～7.8 m，在 9～17 m 界面隆起，17～26 m 粉土层深度下降至 8.0 m 左右，剖面上 25 m 以后目的层陡然上抬，深度平均变浅至 6.5 m 左右，层面起伏变化很大。此剖面基本代表了场地粉土层西低东高、局部起伏的变化规律。据调查方知场地内曾经存在有水塘，地层存在局部不均衡起伏现象，前期工勘资料又不甚详细，以致部分桩长未达到持力层，故承载力不能满足设计要求。依据地质雷达探测结果，在桩位处参照目的层变化相应加大设计桩长，则桩端可基本进入粉土层内。

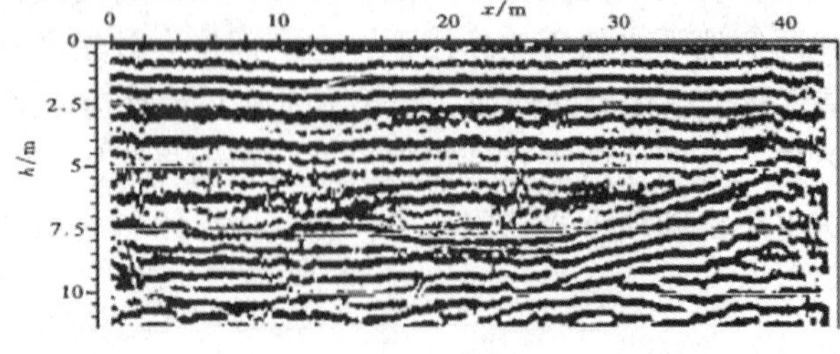

图 1-7　某中心大楼基础探地雷达探测剖面

1.5.2　钻孔电视法

钻孔电视法是应用电视技术观察钻孔壁中的密实情况的一种测井方法，它具有成果直观、图像清晰、方法简便、数据量大的特点。

在钻孔取芯检测中，一般采用钻取芯样来检测基础工程质量情况，但是每个工程的钻取芯样工作量都相当大，且钻探成本高。由于种种因素的影响，一般芯样获得率都达不到 100 %，特别是在有问题的基础工程中，芯样获得率更低。为了解决这些问题，常常又需要增加钻孔，其费用必将增加。在长期的工程实践中，钻孔电视得到了较好的应用并可以更好地充分利用钻孔获得地下基础工程信息。

1. 钻孔电视工作原理

钻孔电视主要由地面部分和井下部分组成。地面部分包括控制器、电脑、三脚架、绞车、滑轮和深度计数器；地下部分包括摄像探头和电缆，摄像探头由 CCD 摄像机、LED 灯、玻璃罩和锥形镜组成。

钻孔孔壁经 LED 光源照亮，CCD 摄像机摄取由锥形镜反射的孔壁图像，图像信息经电缆传送至控制器和电脑，整个采集过程由图像采集控制软件系统完成，此系统把采集的图像展开和合并，记录在电脑上。安装在探头内的数字罗盘用来标定图像的方位，一般把测试地点的磁北经磁偏角校正后的正北设为 0°，顺时针方向角度增加。图像处理软件可以以两种方式显示，一种是数字岩芯图，拖动滑动条岩芯可以旋转；另一种是 360°展开图。对钻孔孔壁的信息采集后，形成二种孔壁图像资料。一种是称为数字岩芯的图像，它是对孔壁图像进行数字合成，使它看起来类似于岩芯。岩芯可以自由旋转，这样就可以在任意角度来观察岩芯；另一种是 360°展开图，相当于把孔壁的图像剖开并摊开。所有的解释都基于对这两种图像的观察及计算。

2. 钻孔电视法的优点

钻孔电视资料的解释主要是对裂隙或不连续面的解释，包括裂隙的埋深、倾向、倾角、宽度、裂隙面的粗糙度、充填物等性质。解释结果按每 2 m 形成一幅图像，对裂隙依次编号，裂隙的特性列成表，图像和解释结果一目了然。

对倾向和倾角还要做成裂隙等值线图和裂隙玫瑰图，从这两种图上可以很清楚地看出一个孔或一个区域的裂隙或不密实区的分布情况。

3. 钻孔电视法缺点

（1）钻孔电视要求干孔或清水，这不仅会增加工期和成本，有时还很难达到。需要研究在复杂环境下特别是水不太清时的有效测试手段。

（2）裂隙方位角和倾角的测试的稳定性和准确性还有待提高。

（3）改进光源系统，尽量消除光亮不均匀引起的条纹。

（4）弹模测试时参与的基础的体积还很小，需比较研究与其他方法所得弹模值的关系。

（5）弹模测试方法还不能得到基础的受力方向，而受力方向对某些工程至关重要，需研究弹模测试时受力方向问题。

4. 钻孔电视仪器设备

长盛工程检测技术开发有限公司生产的JL－HDOI（A）钻孔三维高清电视成像仪，武汉中岩科技有限公司的SR－DCT（W）钻孔电视成像仪，武汉天宸伟业物探科技有限公司的TS－C1201多功能钻孔电视成像分析仪，武汉龙昊科技发展有限公的LHGX－K2钻孔电视三维成像仪等。

练习题

1. 填空题

（1）当采用低应变法或声波透射法检测桩身完整性时，受检桩的混凝土强度至少达到设计强度的________且不少于________。

（2）基桩竖向静载荷试验时，应满足同一地质条件下不少于________根且不宜少于总桩数________。当工程桩总数在50根以内时，不应少于________根。

（3）单桩竖向抗压静载试验反力装置有①________、②________、③________。

（4）当采用钻芯法检测桩身完整性时，当桩长为10～30m时，每孔截取________芯样；当桩长小于10m时，可取________，当桩长大于30m时，不少于________。

2. 选择题

（1）应力波在桩身中的传播速度取决于________。

A. 桩长　　B. 锤击能量　　C. 桩身材质

（2）低应变检测中一般采用速度传感器和加速传感器，加速度传感器的频响特性优于速度传感器，其频响范围一般为________。

A. 0～1 k/Hz　　B. 0～2 k/Hz　　C. 0～5 k/Hz

（3）单桩水平静载试验规定，试桩至支座桩最小中心距为 D，D 为桩的最大边长（或直径）为________。

A. 2　　B. 3　　C. 4

（4）当钻芯孔为一个时，宜在距桩中心________的位置开孔。

A. 0～5 cm　　B. 5～10 cm　　C. 10～15 cm

3. 问答题

（1）高应变试验采用锤低击原则的目的是什么？

（2）单桩竖向抗压静载试验的终止加载条件是什么？

项目2　现场混凝土强度检测方法

根据混凝土强度的检测方法对被测构件的损伤情况可分为非破损法和微（半）破损法两种。非破损法是以混凝土强度与某些物理量之间的相关性为基础，测试这些物理量，然后根据相关关系推算被测混凝土的标准强度换算值，检测工作本身不对被测构件产生任何的损伤；微（半）破损法是以不影响结构或构件的承载能力为前提，在结构或构件上直接进行局部破坏性试验，或钻取芯样进行破坏性试验，并推算出强度标准值的推定值或特征强度的检测方法。根据检测工作原理的不同，其常用的检测方法又分为：回弹法、超声回弹综合法、后装拔出法和钻芯法。所谓综合法是采用两种或两种以上的非破损检测方法，获取多种物理参量，建立混凝土强度与多项物理参量的综合相关关系，从而综合评价混凝土的强度。

任务2.1　回弹法

2.1.1　检测原理

回弹法检测构件混凝土强度，是利用混凝土表面硬度（同时考虑碳化深度对表面硬度的影响）与强度之间的相关关系来推定混凝土强度的一种方法。其基本原理是：用一弹簧驱动的重锤，通过弹击杆（传力杆）弹击混凝土表面，并测出重锤被反弹回来的距离，计算得出反弹距离与弹簧初始长度之比即回弹值（一般用 R 表示），作为与强度相关的指标，同时考虑混凝土表面碳化后对硬度变化的影响，以此推定混凝土强度的一种方法。由于回弹值的测量在混凝土表面进行，因此，其检测结果仅反映被测构件表面的混凝土质量状况，回弹法不适用于表面与内部质量有明显差异或内部存在缺陷的混凝土结构构件的检测。

2.1.2 检测依据

《回弹法检测混凝土抗压强度技术规程》(JGJ/T23—2011)。

2.1.3 仪器设备及检测环境

1. 回弹仪

回弹仪即测定构件回弹值的仪器。根据其示值系统的不同可分为指针直读式和其他示值系统。按其标称能量一般分为轻型（0.735 J)、中型（2.207 J)、重型（29.04 J）三种。普通混凝土一般使用中型回弹仪进行检测。用于工程检测的回弹仪必须具有产品合格证及检定单位的检定合格证，回弹仪的明显位置上应具有下列标志：名称、型号、制造厂名（或商标)、出厂编号、出厂日期和中国计量器具制造许可证标志 CMC 及生产许可证号等。

回弹仪的技术指标要求包括：中型回弹仪的标称能量为 2.207 J；弹击锤与弹击标碰撞的瞬间，弹击拉簧处于自由状态，此时弹击锤起跳点应相当位于指针刻度尺上“0”处；在洛氏硬度 HRC 为 60±2 的钢砧上，回弹仪的率定值应为 80±2。

回弹仪的检定：回弹仪具有下列情况之一时应送检定单位检定：①新回弹仪启用前；②超过检定有效期限（有效期为半年)；③累计弹击次数超过 6 000 次；④经常规保养后钢砧率定值不合格；⑤遭受严重撞击或其他损害。

回弹仪的保养：回弹仪具有下列情况之一时应进行常规保养：①弹击超过 2 000 次；②对检测值有怀疑时；③在钢砧上的率定值不合格，保养后应按要求进行率定试验。

回弹仪使用完毕后应使弹击杆伸出机壳，清除弹击杆、杆前端球面以及刻度尺表面和外壳上的污垢、尘土。回弹仪不用时，应将弹击杆压入仪器内，经弹击后方可按下按钮锁住机芯，将回弹仪装入仪器箱，平放在干燥阴凉处。

2. 碳化深度测试仪

碳化深度测试仪是用于对混凝土表面碳化深度测量的专用设备。比用普通的直尺测量精度更高、方法更简单。碳化深度测试仪一般一年进行一次检定。

3. 检测环境要求

用回弹法检测构件混凝土强度，其回弹仪使用时的环境温度应在 4～10℃。

2.1.4 基本要求

(1) 结构或构件混凝土强度检测宜具有下列资料。

①工程名称及设计、施工、监理（或监督）和建设单位名称。

②结构或构件名称、外形尺寸、数量及混凝土强度等级。

③水泥品种、强度等级、安定性、厂名；砂、石种类、粒径；外加剂或掺合料品种、掺量；混凝土配合比等。

④施工时材料计量情况，模板、浇筑养护情况及成型日期等。

⑤必要的设计图纸和施工记录。

⑥检测原因。

（2）结构或构件取样数量符合下列规定。

①单个检测是指适用于单个结构或构件的检测。

②批量检测是指适用于在相同的生产工艺条件下，混凝土强度等级相同，原材料、配合比、成型工艺、养护条件基本一致，且龄期相近的同类结构或构件。按批进行检测的构件，抽检数量不得少于同批构件总数的 30 %，且构件数量不得少于 10 件。抽检构件时，应随机抽取并使所选构件具有代表性。

（3）测区的划分。每一结构或构件的测区划分应符合下列规定。

①每一结构或构件测区数不应少于 10 个。对某一方向尺寸小于 4.5 m，且另一方向尺寸小于 0.3 m 的构件，其测区数量可适当减少，但不应少于 5 个。

②相邻两测区的间距应控制在 2 m 以内，测区离构件端部或施工缝边缘的距离不宜大于 0.5 m，且不宜小于 0.2 m。

③测区应选在使回弹仪处于水平方向检测混凝土浇筑侧面。当不能满足这一要求时，可使回弹仪处于非水平方向检测混凝土浇筑侧面、表面或底面。

④测区宜选在构件的两个对称可测面上，也可选在一个可测面上，且应均匀分布。在构件的重要部位及薄弱部位必须布置测区，并应避开预埋件。

⑤测区的面积不宜大于 0.04 m^2。

⑥检测面应为混凝土表面，并应清洁、平整，不应有疏松层、浮浆、油垢、涂层以及蜂窝、麻面，必要时可用砂轮清除疏松层和杂物，且不应有残留的粉末或碎屑。

（4）测区标注。结构或构件的测区应标有清晰的编号，必要时应在记录纸上绘制测区布置示意图和描述外观质量情况。

（5）钻芯修正。当检测条件与测强曲线的适用条件有较大差异时，可采用同条件试件或钻取混凝土芯样进行修正。直径 100 mm 混凝土试件，钻取芯样数量不应少于 6 个，现场钻取直径100 mm的芯样确有困难时，也可采用直径不小于 70 mm 的混凝土芯样，但芯样试件的数量不应少于 9 个。钻取芯样时每个部位应钻取一个芯样。计算时，测区混凝土强度换算值可以乘以修正系数，也可以用加减量的方法进行修正。

2.1.5　检测操作步骤

（1）回弹值测量。

①检测时，回弹仪的轴线应始终垂直于结构或构件的混凝土检测面，缓慢增压，准确读数，快速复位。

②测点宜在测区范围内均匀分布，相邻两测点的净距不宜小于 20 mm；测点距外露钢盘、预埋件的距离不宜小于 30 mm。测点不应设置在气孔或外露石子上，同一测点只应弹

击一次。每一测区应记取16个回弹值，每一测点的回弹值读数估读至1。

③对弹击时产生颤动的薄壁、小型构件应进行固定。

(2) 碳化深度值测量。

①碳化深度值测，可使用适当的工具如铁锤和尖头铁凿在测区表面形成直径约15 mm的孔洞，其深度应大于混凝土的碳化深度。应除净化油中的粉末和碎屑，并不得用水擦洗，再采用浓度为1 %的酚酞酒精溶液滴在孔洞内壁的边缘处，当已碳化与未碳化界线清楚时，再用深度测量工具如碳化尺测量已碳化与未碳化混凝土交界面到混凝土表面的垂直距离，测量不应少于3次。

②碳化深度值测量应在有代表性的位置上测量，测点数不应少于构件测区数的30 %，取其平均值为该构件每测区的碳化深度值。当各测点间的碳化深度值相差大于2.0 mm时，应在每一回弹测区测量碳化深度值。

2.1.6 数据处理与结构判定

1. 回弹值计算

(1) 测区平均回弹值，将该测区的16个回弹值中剔除3个最大值和3个最小值，计算余下的10个回弹值的平均值 R_m：

$$R_m = \sum^{10} R_i \tag{2-1}$$

式中，R_m——测区平均回弹值，精确至0.1；

R_i——第 i 个测点的回弹值。

(2) 非水平方向检测混凝土浇筑侧面时，应按下式修正：

$$R_m = R_{ma} + R_{aa} \tag{2-2}$$

式中，R_{ma}——非水平状态检测时测区的平均回弹值，精确至0.1；

R_{aa}——非水平状态检测时回弹值修正值，如表2-1所示。

表 2-1 非水平状态检测时的回弹值修正值

R_m	检测角度							
	向上				向下			
	90°	60°	45°	30°	−30°	−45°	−60°	−90°
20	−6.0	−5.0	−4.0	−3.0	+2.5	+3.0	+3.5	+4.0
21	−5.9	−4.9	−4.0	−3.0	+2.5	+3.0	+3.5	+4.0
22	−5.8	−4.8	−3.9	−2.9	+2.4	+2.9	+3.4	+3.9
23	−5.7	−4.7	−3.9	−2.9	+2.4	+2.9	+3.4	+3.9
24	−5.6	−4.6	−3.8	−2.8	+2.3	+2.8	+3.3	+3.8
25	−5.5	−4.5	−3.8	−2.8	+2.3	+2.8	+3.3	+3.8

（续表）

R_m	检测角度							
	向上				向下			
	90°	60°	45°	30°	—30°	—45°	—60°	—90°
26	—5.4	—4.4	—3.7	—2.7	+2.2	+2.7	+3.2	+3.7
27	—5.3	—4.3	—3.7	—2.7	+2.2	+2.7	+3.2	+3.7
28	—5.2	—4.2	—3.6	—2.6	+2.1	+2.6	+3.1	+3.6
29	—5.1	—4.1	—3.6	—2.6	+2.1	+2.6	+3.1	+3.6
30	—5.0	—4.0	—3.5	—2.5	+2.0	+2.5	+3.0	+3.5
31	—4.9	—4.0	—3.5	—2.5	+2.0	+2.5	+3.0	+3.5
32	—4.8	—3.9	—3.4	—2.5	+1.9	+2.4	+2.9	+3.4
33	—4.7	—3.9	—3.4	—2.4	+1.9	+2.4	+2.9	+3.4
34	—4.6	—3.8	—3.3	—2.4	+1.8	+2.3	+2.8	+3.3
35	—4.5	—3.8	—3.3	—2.3	+1.8	+2.3	+2.8	+3.3
36	—4.4	—3.7	—3.2	—2.3	+1.7	+2.2	+2.7	+3.2
37	—4.3	—3.7	—3.2	—2.2	+1.7	+2.2	+2.7	+3.2
38	—4.2	—3.6	—3.1	—2.2	+1.6	+2.1	+2.6	+3.1
39	—4.1	—3.6	—3.1	—2.1	+1.6	+2.1	+2.6	+3.1
40	—4.0	—3.5	—3.0	—2.1	+1.5	+2.0	+2.5	+3.0
41	—4.0	—3.5	—3.0	—2.0	+1.5	+2.0	+2.5	+3.0
42	—3.9	—3.4	—2.9	—1.9	+1.4	+1.9	+2.4	+2.9
43	—3.9	—3.4	—2.9	—1.9	+1.4	+1.9	+2.4	+2.9
44	—3.8	—3.3	—2.8	—1.8	+1.3	+1.8	+2.3	+2.8
45	—3.8	—3.3	—2.8	—1.8	+1.3	+1.8	+2.3	+2.8
46	—3.7	—3.2	—2.7	—1.7	+1.2	+1.7	+2.2	+2.7
47	—3.7	—3.2	—2.7	—1.7	+1.2	+1.7	+2.2	+2.7
48	—3.6	—3.1	—2.6	—1.6	+1.1	+1.6	+2.1	+2.6
49	—3.6	—3.1	—2.6	—1.6	+1.1	+1.6	+2.1	+2.6
50	—3.5	—3.0	—2.5	—1.5	+1.0	+1.5	+2.0	+2.5

注：①R_{ma}小于20或大于50时，均分别按20或50查表。

②表中未列入的相应于R_{ma}的修正值R_{aa}可用内插法求得，精确至0.1。

（3）水平方向检测混凝土浇筑表面、底面时，测区的平均回弹值，精确至0.1。

式中，R_m^t、R_a^t——分别为水平方向检测混凝土浇筑表面、底面时，测区的平均回弹值，精确至0.1；

R_m^b、R_a^b——混凝土浇筑表面、底面回弹值的修正值（见表 2-2）。

表 2-2 不同浇筑面的回弹值修正值

R_m^t 或 R_m^b	表面修正值/R_a^t	底面修正值/R_a^b	R_m^t 或 R_m^b	表面修正值 R_a^t	底面修正值 R_a^b
20	+2.5	—3.0	36	+0.9	—1.4
21	+2.4	—2.9	37	+0.8	—1.3
22	+2.3	—2.8	38	+0.7	—1.2
23	+2.2	—2.7	39	+0.6	—1.1
24	+2.1	—2.6	40	+0.5	—1.0
25	+2.0	—2.5	41	+0.4	—0.9
26	+1.9	—2.4	42	+0.3	—0.8
27	+1.8	—2.3	43	+0.2	—0.7
28	+1.7	—2.2	44	+1.0	—0.6
29	+1.6	—2.1	45	0	—0.5
30	+1.5	—2.0	46	0	—0.4
31	+1.4	—1.9	47	0	—0.3
32	+1.3	—1.8	48	0	—0.2
33	+1.2	—1.7	49	0	—0.1
34	+1.1	—1.6	50	0	0
35	+1.0	—1.5	——	——	——

注：①R_m^t 或 R_m^b 小于 20 或大于 50 时，均分别按 20 或 50 查表；表中未列入的相应于 R_m^t 或 R_m^b 的 R_a^t 和 R_a^b 值，可用内插法求得，精确至 0.1。

②表中有关混凝土浇筑表面的修正系数，是指一般原浆抹面的修正值。

③表中有关混凝土浇筑底面的修正系数，是每时构件底面与侧面采用同一类模板在正常浇筑情况下的修正值。

④检测时，当回弹仪为非水平方向且测试面为非混凝土的浇筑侧面时，应先对回弹值进行角度修正，再用修正后的值进行浇筑面修正。

2. 碳化深度值的计算

取得各测区碳化深度的平均值作为该构件的碳化深度值，计算精确至 0.5 mm。

3. 测区混凝土强度换算值的计算

①结构或构件第 i 个测区混凝土强度换算值，可将所求得的平均回弹值（R_m）及平均碳化深度值（d_m）查《回弹法检测混凝土抗压强度拉丁文规程》JGJ/T23—2011 的附录 A（见表 2-3）得出。在这里应注意，在该规范中所用的测强曲线为全国统一测强曲线。使用该曲线时，被测混凝土构件应符合下列条件：普通混凝土采用的材料、拌合用水符合现行国家有关标准；不掺外加剂或仅掺非引气型外加剂；采用普通成型工艺；采用符合现行国家标准《混凝土结构工程施工质量验收规范》(GB50204) 规定的钢模、木模及其他材料制

作的模板；自然养护或蒸汽养护出池后经自然养护 7 d 以上，且混凝土表层为干燥状态；龄期为 14～1 000 d；抗压强度为 10～60 MPa，如表 2-3 所示。

表 2-3　测区混凝土强度换算

平均回弹值/R_m	平均碳化深度值 d_m/mm												
	0	1.5	1.0	1.5	2.0	2.5	3.0	3.5	4.0	4.5	5.0	5.5	≥6.0
20.0	10.3	10.1	—	—	—	—	—	—	—	—	—	—	—
20.2	10.5	10.3	10.0	—	—	—	—	—	—	—	—	—	—
20.4	10.7	10.5	10.2	—	—	—	—	—	—	—	—	—	—
20.6	11.0	10.8	10.4	10.1	—	—	—	—	—	—	—	—	—
20.8	11.2	11.0	10.6	10.3	—	—	—	—	—	—	—	—	—
21.0	11.4	11.2	10.8	10.5	10.0	—	—	—	—	—	—	—	—
21.2	11.6	11.4	11.0	10.7	10.2	—	—	—	—	—	—	—	—
21.4	11.8	11.6	11.2	10.9	10.4	10.0	—	—	—	—	—	—	—
21.6	12.0	11.8	11.4	11.0	10.6	10.2	—	—	—	—	—	—	—
21.8	12.3	12.1	11.7	11.3	10.8	10.5	10.1	—	—	—	—	—	—
22.0	12.5	12.2	11.9	11.5	11.0	10.6	10.2	—	—	—	—	—	—
22.2	12.7	12.4	12.1	11.7	11.2	10.8	10.4	10.0	—	—	—	—	—
22.4	13.0	12.7	12.4	12.0	11.4	11.0	10.7	10.3	10.0	—	—	—	—
22.6	13.2	12.9	12.5	12.1	11.6	11.2	10.8	10.4	10.2	—	—	—	—
22.8	13.4	13.1	12.7	12.3	11.8	11.4	11.0	10.6	10.3	—	—	—	—
23.0	13.7	13.4	13.0	12.6	12.1	11.6	11.2	10.8	10.5	10.1	—	—	—
23.2	13.9	13.6	13.4	12.8	12.2	11.8	11.4	11.0	10.7	10.3	10.0		
23.4	14.1	13.8	13.4	13.0	12.4	12.0	11.6	11.2	10.9	10.4	10.2		
23.6	14.4	14.1	13.7	13.2	12.7	12.2	11.8	11.4	11.1	10.7	10.4	10.1	
23.8	14.6	14.3	13.9	13.4	12.8	12.4	12.0	11.5	11.2	10.8	10.5	10.2	
24.0	14.9	14.6	14.2	13.7	13.1	12.7	12.2	11.8	11.5	11.0	10.7	10.4	10.1
24.2	15.1	14.8	14.3	13.9	13.3	12.8	12.4	11.9	11.6	11.2	10.9	10.6	10.3
24.4	15.4	15.1	14.6	14.2	13.6	13.1	12.6	12.2	11.9	11.4	11.1	10.8	10.4
24.6	15.6	15.3	14.8	14.4	13.7	13.3	12.8	12.3	12.0	11.5	11.2	10.9	10.6
24.8	15.9	15.6	15.1	14.6	14.0	13.5	13.0	12.6	12.2	11.8	11.4	11.1	10.7
25.0	16.2	15.9	15.4	14.9	14.3	13.8	13.3	12.8	12.5	12.0	11.7	11.3	10.9
25.2	16.4	16.1	15.6	15.1	14.4	13.9	13.4	13.0	12.6	12.1	11.8	11.5	11.0

（续表）

平均回弹值/R_m	平均碳化深度值 d_m/mm												
	0	1.5	1.0	1.5	2.0	2.5	3.0	3.5	4.0	4.5	5.0	5.5	≥6.0
25.4	16.7	16.4	15.9	15.4	14.7	14.2	13.7	13.2	12.9	12.4	12.0	11.7	11.2
25.6	16.9	16.6	16.1	15.7	14.9	14.4	13.9	13.4	13.0	12.5	12.2	11.8	11.3
25.8	17.2	16.9	16.3	15.8	15.1	14.6	14.1	13.6	13.2	12.7	12.4	12.0	11.5
26.0	17.5	17.2	16.6	16.1	15.4	14.9	14.4	13.8	13.5	13.0	12.6	12.2	11.6
26.2	17.8	17.4	16.9	16.4	15.7	15.1	14.6	14.0	13.7	13.2	12.8	12.4	11.8
26.4	18.0	17.6	17.1	16.6	15.8	15.3	14.8	14.2	13.9	13.3	13.0	12.6	12.0
26.6	18.3	17.9	17.4	16.8	16.1	15.6	15.0	14.4	14.1	13.5	13.2	12.8	12.1
26.8	18.6	18.2	17.7	17.1	16.4	15.8	15.3	14.6	14.3	13.8	13.4	12.9	12.3
27.0	18.9	18.5	18.0	17.4	16.6	16.1	15.5	14.8	14.6	14.0	13.6	13.1	12.4
27.2	19.1	18.7	18.1	17.6	16.8	16.2	15.7	15.0	14.7	14.1	13.8	13.3	12.6
27.4	19.4	19.0	18.4	17.8	17.0	16.4	15.9	15.2	14.9	14.3	14.0	13.4	12.7
27.6	19.7	19.3	18.7	18.0	17.2	16.6	16.1	15.4	15.1	14.5	14.1	13.6	12.9
27.8	20.0	19.6	19.0	18.2	17.4	16.8	16.3	15.6	15.3	14.7	14.2	13.7	13.0
28.0	20.3	19.7	19.2	18.4	17.6	17.0	16.5	15.8	15.4	14.8	14.4	13.9	13.2
28.2	20.6	20.0	19.5	18.6	17.8	17.2	16.7	16.0	15.6	15.0	14.6	14.0	13.3
28.4	20.9	20.3	19.7	18.8	18.0	17.4	16.9	16.2	15.8	15.2	14.8	14.2	13.5
18.6	21.2	20.6	20.0	19.1	18.2	17.6	17.1	16.4	16.0	15.4	15.0	14.3	13.6
28.8	21.5	20.9	20.2	19.4	18.5	17.8	17.3	16.6	16.2	15.6	15.2	14.5	13.8
29.0	21.8	21.2	20.5	19.6	18.7	18.1	17.5	16.8	16.4	15.8	15.4	14.6	13.9
29.2	22.1	21.4	20.8	19.9	19.0	18.3	17.7	17.0	16.6	16.0	15.6	14.8	14.1
29.4	22.4	21.7	21.1	20.2	19.3	18.6	17.9	17.2	16.8	16.2	15.8	15.0	14.2
29.6	22.7	22.0	21.3	20.4	19.5	18.8	18.2	17.5	17.0	16.4	16.0	15.1	14.4
29.8	23.0	22.3	21.6	20.7	19.8	19.1	18.4	17.7	17.2	16.6	16.2	15.3	14.5
30.0	23.3	22.6	21.9	21.0	20.0	19.3	18.6	17.9	17.4	16.8	16.4	15.4	14.7
30.2	23.6	22.9	22.2	21.2	20.3	19.6	18.9	18.2	17.6	17.0	16.6	15.6	14.9
30.4	23.9	23.2	22.5	21.5	20.6	19.8	19.1	18.4	17.8	17.2	16.8	15.8	15.1
30.6	24.3	23.6	22.8	21.9	20.9	20.2	19.4	18.7	18.0	17.5	17.0	16.0	15.2
30.8	24.6	23.9	23.1	22.1	21.2	20.4	19.7	18.9	18.2	17.7	17.2	16.2	15.4
31.0	24.9	24.2	23.4	22.4	21.4	20.7	19.9	19.2	18.4	17.9	17.4	16.4	15.5
31.2	25.2	24.4	23.7	22.7	21.7	20.9	20.2	19.4	18.6	18.1	17.6	16.6	15.7

（续表）

平均回弹值/R_m	平均碳化深度值 d_m/mm											
	0	1.5	1.0	1.5	2.0	2.5	3.0	3.5	4.0	4.5	5.0	5.5	≥6.0
31.4	25.6	24.8	24.1	23.0	22.0	21.2	20.5	19.7	18.9	18.4	17.8	16.9	15.8
31.6	25.9	25.1	24.3	23.3	22.3	21.5	20.7	19.9	19.2	18.6	18.0	17.1	16.0
31.8	26.2	25.4	24.6	23.6	22.5	21.7	21.0	20.2	19.4	18.9	18.2	17.3	16.2
32.0	26.5	25.7	24.9	23.9	22.8	22.0	21.2	20.4	19.6	19.1	18.4	17.5	16.4
32.2	26.9	26.1	25.3	24.2	23.1	22.3	21.5	20.7	19.9	19.4	18.6	17.7	16.6
32.4	27.2	26.4	25.6	24.5	23.4	22.6	21.8	20.9	20.1	19.6	18.8	17.9	16.8
32.6	27.6	26.8	25.9	24.8	23.7	22.9	22.1	21.3	20.4	19.9	19.0	18.1	17.0
32.8	27.9	27.1	26.0	25.1	24.0	23.2	22.3	21.5	20.6	20.1	19.2	18.3	17.2
33.0	28.2	27.4	26.5	25.4	24.3	23.4	22.6	21.7	20.9	20.3	19.4	18.5	17.4
33.2	28.6	27.7	26.8	25.7	24.6	23.7	22.9	22.0	21.2	20.5	19.6	18.7	17.6
33.4	28.9	28.0	27.1	26.0	24.9	24.0	23.1	22.3	21.4	20.7	19.8	18.9	17.8
33.6	29.3	28.4	27.4	26.4	25.2	24.2	23.3	22.6	21.7	20.9	20.0	19.1	18.0
33.8	29.6	28.7	27.7	26.6	25.4	24.4	23.5	22.8	21.9	21.1	20.2	19.3	18.2
34.0	30.0	29.1	28.0	26.8	25.6	24.6	23.7	23.0	22.1	21.3	20.4	19.5	18.3
34.2	30.3	29.4	28.3	27.0	25.8	24.8	23.9	23.2	22.3	21.5	20.6	19.7	18.4
34.4	30.7	29.8	28.6	27.7	26.0	25.0	24.1	23.4	22.5	21.7	20.8	19.8	18.6
34.6	31.1	30.2	28.9	27.4	26.2	25.2	24.3	23.6	22.7	21.9	21.0	20.0	18.8
34.8	31.4	30.5	29.2	27.6	26.4	25.4	24.5	23.8	22.9	22.1	21.2	20.2	19.0
35.0	31.4	30.5	29.2	27.6	26.4	25.4	24.5	23.8	22.9	22.1	21.2	20.2	19.0
35.2	32.1	31.1	29.9	28.2	27.0	26.0	25.0	24.2	23.4	22.5	21.6	20.6	19.4
35.4	32.5	31.5	30.2	28.6	27.3	26.3	25.4	24.4	23.7	22.8	21.8	20.8	19.6
35.6	32.9	31.9	30.6	29.0	27.6	26.6	25.7	24.7	24.0	23.0	22.0	21.0	19.8
35.8	33.3	32.3	31.0	29.3	28.0	27.0	26.0	25.0	24.3	23.3	22.2	21.2	20.0
36.0	33.6	32.6	31.2	29.6	28.2	27.2	26.2	25.2	24.5	23.5	22.4	21.4	20.2
36.2	34.0	33.0	31.6	29.9	28.6	27.5	26.5	25.5	24.8	23.8	22.6	21.6	20.4
36.4	34.4	33.4	32.0	30.3	28.9	27.9	26.8	25.8	25.1	24.1	22.8	21.8	20.6
36.8	35.2	34.1	32.7	31.0	29.6	28.5	27.5	26.4	25.7	24.6	23.2	22.2	22.1
37.0	35.5	34.4	33.0	31.2	29.8	28.8	27.7	26.6	25.9	24.8	23.4	22.4	21.3
37.2	35.9	34.8	33.4	31.6	30.2	29.1	28.0	26.9	26.2	25.1	23.7	22.6	21.5
37.4	36.3	35.2	33.8	31.9	30.5	29.4	28.3	27.2	26.5	25.4	24.0	22.9	21.8

（续表）

平均回弹值/R_m	平均碳化深度值 d_m/mm											
	0	1.5	1.0	1.5	2.0	2.5	3.0	3.5	4.0	4.5	5.0	5.5	≥6.0
37.6	36.7	35.6	34.1	32.3	30.8	29.7	28.6	27.5	26.8	25.7	24.2	23.1	22.0
37.8	37.1	36.0	34.5	32.6	31.2	30.0	28.9	27.8	27.1	26.0	24.5	23.4	22.3
38.0	37.5	36.4	34.9	33.0	31.5	30.3	29.2	28.1	27.4	26.2	24.8	23.6	22.5
38.2	37.9	36.8	35.2	33.4	31.8	30.6	29.5	28.4	27.7	26.5	25.0	23.9	22.7
38.4	38.3	37.2	35.6	33.7	32.1	30.9	29.8	28.7	28.0	26.8	25.3	24.1	23.0
38.6	38.7	37.5	36.0	34.1	32.4	31.2	30.1	29.0	28.3	27.0	25.5	24.4	23.2
38.8	39.1	37.9	36.4	34.4	32.7	31.5	30.4	29.3	28.5	27.2	25.8	24.6	23.5
39.0	39.5	38.2	36.7	34.7	33.0	31.8	30.6	29.6	28.8	27.4	26.0	24.8	23.7
39.2	39.9	38.5	37.0	35.0	33.3	32.1	30.8	29.8	29.0	27.6	26.2	25.0	24.0
39.4	40.3	38.8	37.3	35.3	33.6	32.4	31.0	30.0	29.2	27.8	26.4	25.2	24.2
39.6	40.7	39.1	37.6	35.6	33.6	32.4	31.0	30.0	29.2	27.8	26.4	25.2	24.2
39.8	41.2	39.6	38.0	35.9	34.2	33.0	31.4	30.5	29.7	28.2	26.8	25.6	24.7
40.0	41.6	39.9	38.3	36.2	34.5	33.3	31.7	30.8	30.0	28.4	27.0	25.8	25.0
40.2	41.6	39.9	38.3	36.2	34.5	33.3	31.7	30.8	30.0	28.4	27.0	25.8	25.0
40.4	42.4	40.7	39.0	36.9	35.1	33.9	32.3	31.4	30.5	28.8	27.6	26.2	25.4
40.6	42.8	41.1	39.4	37.2	35.4	34.2	32.6	31.7	30.8	29.1	27.8	26.5	25.7
40.8	43.3	41.6	39.8	37.7	35.7	34.5	32.9	32.0	31.2	29.4	28.1	26.8	26.0
41.0	43.7	42.0	40.2	38.0	36.0	34.8	33.2	32.3	31.5	29.7	28.4	27.1	26.2
41.2	44.1	42.3	40.6	38.4	36.3	35.1	33.5	32.6	31.8	30.0	28.7	27.3	26.5
41.4	44.5	42.7	40.9	38.7	36.6	35.4	33.8	32.9	32.0	30.3	28.9	27.6	26.7
41.6	45.0	43.2	41.4	39.2	36.9	35.7	34.2	33.3	32.4	30.6	29.2	27.9	27.0
41.8	45.4	43.6	41.8	39.5	37.2	36.0	34.5	33.6	32.7	30.9	29.5	28.1	27.2
42.0	45.9	44.1	42.2	39.9	37.6	36.3	34.9	34.0	33.0	31.2	29.8	28.5	27.5
42.2	46.3	44.4	42.6	40.3	38.0	36.6	35.2	34.3	33.3	31.5	30.1	28.7	27.8
42.4	46.7	44.8	43.0	38.0	36.6	36.9	35.5	34.6	33.6	31.8	30.4	29.0	28.0
42.6	47.2	45.3	43.4	41.1	38.7	37.3	35.9	34.9	34.0	32.1	30.7	29.3	28.3
42.8	47.6	45.7	43.8	41.4	39.0	37.6	36.2	35.2	34.3	32.4	30.9	29.5	28.6
43.0	48.1	46.2	44.2	41.8	39.4	38.0	36.6	35.6	34.6	32.7	31.3	29.8	28.9
43.2	48.5	46.6	44.6	42.2	39.8	38.3	36.9	35.9	34.9	33.0	31.5	30.1	29.1
43.4	49.0	47.0	45.1	42.6	40.2	38.7	37.2	36.3	35.3	33.3	31.8	30.4	29.4

（续表）

平均回弹值/R_m	平均碳化深度值 d_m/mm												
	0	1.5	1.0	1.5	2.0	2.5	3.0	3.5	4.0	4.5	5.0	5.5	≥6.0
43.6	49.4	47.4	45.4	43.0	40.5	39.0	37.5	36.6	35.6	33.6	32.1	30.6	29.6
43.8	49.9	47.9	45.9	43.4	40.9	39.4	37.9	36.9	35.9	33.9	32.4	30.9	29.9
44.0	50.4	48.4	46.4	43.8	41.3	39.8	38.3	37.3	36.3	34.3	32.8	31.2	30.2
44.2	50.8	48.8	46.7	44.2	41.7	40.1	38.6	37.6	36.6	34.5	33.0	31.5	30.5
44.4	51.3	49.2	47.2	44.6	42.1	40.5	39.0	38.0	36.9	34.9	33.3	31.8	30.8
44.6	51.7	49.6	47.6	45.0	42.4	40.8	39.3	38.3	37.2	35.2	33.6	32.1	31.0
44.8	52.2	50.1	48.0	45.4	42.8	41.2	39.7	38.6	37.6	35.5	33.9	32.4	31.3
45.0	52.7	50.6	48.5	45.8	43.2	41.6	40.1	39.0	37.9	35.8	34.3	32.7	31.6
45.2	53.2	51.1	48.9	46.3	43.6	42.0	40.4	39.4	38.3	36.2	34.6	33.0	31.9
45.4	53.6	51.5	49.4	46.6	44.0	42.3	40.7	39.7	38.6	36.4	34.8	33.2	32.2
45.6	54.1	51.9	49.8	47.1	44.4	42.7	41.1	40.0	39.0	36.8	35.2	33.5	32.5
45.8	54.6	52.4	50.2	47.5	44.8	43.1	41.5	40.4	39.3	37.1	35.5	33.9	32.8
46.0	55.0	52.8	50.6	47.9	45.2	43.5	41.9	40.8	39.7	37.5	35.8	34.2	33. 1
46.2	55.5	53.5	51.1	48.3	45.5	43.8	42.2	41.1	40.0	37.7	36.1	34.4	33.3
46.4	56.0	53.8	51.5	48.7	45.9	44.2	42.6	41.4	40.3	38.1	36.4	34.7	33.6
46.6	56.5	54.2	52.0	49.2	46.3	44.6	42.9	41.8	40.7	38.4	36.7	35.0	33.9
46.8	57.0	54.7	52.4	49.6	46.7	45.0	43.3	42.2	41.0	38.8	37.0	35.3	34.2
47.0	57.5	55.2	52.9	50.0	47.2	45.2	43.7	42.6	41.4	39.1	37.4	35.6	34.5
47.2	58.0	55.7	53.4	50.5	47.6	45.8	44.4	42.9	41.8	39.4	37.7	36.0	34.8
47.4	58.5	56.2	53.8	50.9	48.0	46.2	44.5	43.3	42.1	39.8	38.0	36.3	35.1
47.6	59.0	56.6	54.3	51.3	48.4	46.6	44.8	43.7	42.5	40.1	38.4	36.6	35.4
47.8	59.5	27.1	54.7	51.8	48.8	47.0	45.2	44.0	42.8	40.5	38.7	36.9	35.7
48.0	60.0	57.6	55.2	52.5	49.2	47.4	45.6	44.4	43.2	40.8	39.0	37.2	36.0

任务 2.2 超声回弹综合法

2.2.1 检测原理

超声回弹综合法是指采用超声仪和回弹仪，在混凝土构件的同一测区分别测量超声波在被测构件中的传播速度，即声速 V 和反映被测构件表面硬度的回弹值 R。然后根据混凝土强度与声速值 V 及回弹值 R 之间的相互关系，推定被测构件的混凝土强度，即 $f_C U=f\ (R\cdot V)$。

超声回弹综合法与单一回弹法或超声法相比，具有以下特点：减少含水率的影响，既可内外结合，又能在较高的强度区间内相互弥补各自单一方法的不足，较为全面地反映结构混凝土的实际质量，提高测试精度。

2.2.2 检测依据

《超声回弹综合法检测混凝土强度技术规程》(CECS 02—2005)。

2.2.3 仪器设备及检测环境

1. 超声波仪

超声仪（又称非金属超声波检测仪）是测量超声波在被测构件中传播时间的一种测试仪器。在检测工作中所使用的超声仪应通过有部门的技术鉴定，并必须具有产品合格证。同时应符合现行行业标准《混凝土超声波检测仪》(JG/T 5004) 的要求，并在计量检定有限期内使用。仪器本身应具有显示清晰、图形稳定的示波装置；声的最小分度值 0.1 μs；具有最小分度值为 1 dB 的信号幅度调整系统；接收放大器频响范围 10～500 kHz，总增益不小于 80 dB，接收灵敏度（信噪比 3∶1 时）一大于 50 μV；电源电压波动范围在标称值 ±10 %情况下能正常工作；连续正常工作时间不小于 4 h。

如仪器在较长时间内停用，每月应通电一次，每次不少于 1 h；仪器需存放在通风、阴凉、干燥处，无论存放或工作，均需防尘；在搬运过程中须防止碰撞和剧烈振动。

超声仪应定期进行保养和检定。

2. 换能器

换能器是利用压电陶瓷装置，实现电能与声波相互转换的一种器具，用该装置在被测构件上发射和接收超声波信号。一般用于混凝土强度检测的换能器根据其形状不同可分为平面换能器和柱状换能器，对于平面换能器的工作频率宜在 50～100 kHz 范围以内，柱状换能器的工作频率较低。换能器的实测频率与标称频率相差应大于±10%。

换能器应避免摔损和撞击，工作完毕后应擦拭干净并单独存放。换能器的耦合器应避免磨损。

3. 回弹仪

本方法采用中型回弹仪，有关回弹仪的使用要求、检定和保养与《回弹法检测混凝土抗压强度技术规程》（JGJ/T23—2011）中收支回弹仪的规定一致，此处不再赘述。

4. 其他仪器设备

其他仪器设备如钢卷尺等。

5. 检测环境

超声波检测仪使用时，环境温度应为 0～40℃，回弹仪使用时的环境温度应为－4～40℃，因此采用本方法进行检测时的环境温度要求为 0～40℃。

2.2.4　基本要求

（1）测试前应具备下列有关资料：

①工程名称及设计、施工、建设、委托单位名称。

②结构名称、施工图纸及要求的混凝土强度等级。

③水泥品种、强度等级、出厂厂名、用量，砂石品种、粒径，外加剂或掺合料品种、掺量以及混凝土配合比等。

④模板类型，混凝土浇筑和养护情况以及成型日期。

⑤结构或构件检测原因的说明。

（2）测区布置数量应符合下列规定：

①当按单个构件检测时，应在构件上均匀布置测区。每个构件的测区数不应少于 10 个。

②对同批构件按批抽样检测时，构件抽样数应不少于同批构件的 30%，且不少于 10 件；对一般施工质量的检测和结构性能的检测，可按照现行国家标准《建筑结构检测技术标准》（GB/T 50344 ）的规定抽样。

③对某一方向尺寸不大于 4.5 m，且另一方向尺寸不大于 0.3 m 的构件，其测区数量可适当减少，但不得少于 5 个。

（3）当按批抽样检测时，符合下列条件的构件才可作为同批构件：

①混凝土设计强度等级相同。

②原材料、配合比、成型工艺、养护条件及龄期基本相同。

③构件种类相同。

④在施工阶段所处状态基本相同。

(4) 构件的测区布置，宜满足下列规定：

①在条件允许时，测区宜优先布置在构件混凝土浇筑方向的侧面。

②测区可在构件的两个对应面、相邻面个或同一面上布置。

③测区宜均匀布置，相邻两个测区的间距不宜大于 2 m。

④测区应避开钢筋密集区和预埋件。

⑤测区尺寸宜为 200 mm×200 mm，采用平测时宜为 400 mm×400 mm。

⑥测试面应清洁、平整、干燥，不应有接缝、施工缝、饰面层、泥浆和油污，并应避开蜂窝、麻面部位。必要时，可用砂轮片清除杂物和磨平不平整处，并擦净残留粉尘。

(5) 结构或构件上的测区应注明编号，并记录测区位置和外观质量情况。

(6) 结构或构件的每一测区，宜先进行回弹测试，后进行超声测试。

(7) 非同一测区内的回弹值及超声声速值，在计算混凝土强度换算值时不得混用。

2.2.5 检测方法与试验操作步骤

1. 回弹值的测量与计算

(1) 用回弹仪测试时，应始终保持回弹仪的轴线垂直于混凝土测试面，并优先选择混凝土浇筑方向的侧面进行水平方向测试。如不能满足这一要求，也可非水平状态测试，或测试混凝土浇筑方向的顶面或底面。

(2) 测量回弹值应在构件测区内超声波的发射和接收面各弹击 8 个点。超声波单面平测时，可在超声波的发射和接收测点之间弹击 16 个点，每一测点的回弹值测读精确至 1。

(3) 各测点在测区范围内宜均匀分布，不得布置在气孔或外露石子上。相邻两测点的间测点只允许弹击一次。

(4) 计算测区平均回弹值时，应从该测区两个相对测试面的 16 个回弹值中，剔除3 个较大值和 3 个较小值，然后将余下的 10 个有效回弹值按下列公式计算：

$$R_m = \sum_{i=1}^{10} R_i / 10 \tag{2-3}$$

式中，R_m——测区平均回弹值，精确至 0.1；

R_i——第 i 个测点的有效回弹值。

(5) 非水平状态测得的回弹值，应该按下列公式修正：

$$R_a = R_m + R_{a\alpha} \tag{2-4}$$

式中，R_a——修正后的测区回弹值；

$R_{a\alpha}$——测试角度为 α 的回弹修正值，如表 2-4 所示。

表 2-4　非水平状态测得的回弹修正值/$R_{a\alpha}$

测试角 $R_{a\alpha}$ / R_m	向上				向下			
	+90°	+60°	+45°	+30°	−30°	−45°	−60°	−90°
20	−6.0	−5.0	−4.0	−3.0	+2.5	+3.0	+3.5	+4.0
25	−5.5	−4.5	−3.8	−2.8	+2.3	+2.8	+3.3	+3.8
30	−5.0	−4.0	−3.5	−2.5	+2.0	+2.5	+3.0	+3.5
35	−4.5	−3.8	−3.3	−2.3	+1.8	+22.3	+2.8	+3.3
40	−4.0	−3.5	−3.0	−2.0	+1.5	+2.0	+2.5	+3.0
45	−3.8	−3.3	−2.8	−1.8	+1.3	+1.8	+2.3	+3.0
50	−3.5	−3.0	−2.5	−1.5	+1.0	+1.5	+2.0	+2.5

注：①当测试角度等于 0 时，修正值为“0”；R_m 小于 20 或大于 50 时，分别按 20 或 50 查表。

②表中未列数值，可用内插法求得，精确至 0.1。

(6) 由混凝土浇筑方向的顶面可底面测得的回弹值，应按下列公式修正：

$$R_a = R_m + (R_a^t + R_a^b) \tag{2—5}$$

式中，R_a^t——测顶面时的回弹修正值；

R_a^b——测底面时的回弹修正值（见表 2-5）。

表 2-5　由混凝土浇筑的项面或底面测得的回弹修正值 R_a^t、R_a^b

测试面 / R_m	顶面	底面	测试面 / R_m	顶面	底面
20	+2.5	−3.0	40	+0.5	−1.0
25	+2.0	−2.5	45	0	−0.5
30	+1.5	−2.0	50	0	0
35	+1.0	−1.5		—	—

注：①当测面测试时，修正值 0；R_m 小于 20 或大于 50 时，分别按 20 或 50 查表。

②当先进行角度修正时，采用修正后的回弹代表值 R_a。

③表中未列数值，可用内插法求得，精确至 0.1。

(7) 在测试时，如仪器处于非常水平状态，同时构件测区又非混凝土的浇筑侧面，则应对测得的回弹值先进行角度修正，然后进行顶面和底面的修正。

2. 超声声速值的测量与计算

(1) 超声测点应布置在回弹测试的同一测区内，每一测区布置 3 个测点。超声测试宜优先采用对测或角测，当初测构件不具备对测或角测条件时，可采用单而平测。

(2) 超声测试时，应保证换能器与混凝土测试面耦合良好。

(3) 声时测量应精确 0.1 μs，超声测距测量应精确至 1.0 mm，测量误差不应超过 ±1 %,声速计算应精确至 0.01 km/s。

(4) 当在混凝土浇筑方向的侧面对测时，测区混凝土中声速代表值应根据该测区中

3 个测点的混凝土中速值，按下列公式计算。

$$v_i=\frac{l_i}{t_1-t_0} \tag{2-6}$$

$$v=\frac{1}{3}\sum_{i=1}^{3}v_i \tag{2-7}$$

式中，v——测区混凝土中声速代表值（km/s）；

v_i——第 i 点的声速代表值（km/s）；

l_i——第 i 个测点的超声测距（km/s）；

t_1——第 i 个测点的声时读数（μs）；

t_0—声时初读数（μs）。

（5）当混凝土浇筑的顶面与底面温度时，测区声速值应按下列公式修正：

$$v_a=\beta_v \tag{2-8}$$

式中，v_a——修正后的测区声速值（km/s）；

β_v—超声测试面修正系数。在混凝土浇筑顶面和底面测试时，$\beta_v=1.034$；在混凝土侧面测试时，$\beta_v=1$。

2.2.6 数据处理与结果判定

（1）构件第 i 个测区的混凝土强度换算值 $f^c_{cu,i}$，应根据修正后的测区回弹值 R_{ai} 及修正后的测区声速值 v_{ai}，优先采用专用或地区测强曲线推定。当无该类测强曲线时，经验证后也可按《超声回弹综合法检测混凝土强度技术规程》（CECS 02—2005）附录 C 的规定确定：

粗骨料为卵石时，按式（2－9）计算：

$$f^c_{cu,i}=0.0056\ (v_{ai})^{1.439}\ (R_{ai})^{1.769} \tag{2-9}$$

粗骨料为碎石时，按式（2－10）计算：

$$f^c_{cu,i}=0.0162\ (v_{ai})^{1.656}\ (R_{ai})^{1.410} \tag{2-10}$$

式中，$f^c_{cu,i}$——第 i 个测区混凝土强度换算值（MPa），精确至 0.1 MPa；

v_{ai}——第 i 个测区修正后的超声声速值（kn/s），精确至 0.1 km/s；

R_{ai}——第 i 个测区混凝土强度换算值（MPa），精确至 0.1 MPa。

（2）当结构或构件所用材料及其龄期与制定的测强曲线所用材料有较大差异时，应用同条件的立方体试件或从结构测区钻取混凝土芯样的挤压强度进行修正，试件数量应不少于 4 个。此时，得到的测区混凝土强度换算值应乘以修正系数。

有同条件立方体试块时，修正系数按式（12－11）计算：

$$\eta=\frac{1}{n}\sum_{i=1}^{n}f_{cu,i}/f^c_{cu,i} \tag{2-11}$$

有混凝土芯样试件时，修正系数按式（12－12）计算：

$$\eta=\frac{1}{n}\sum_{i=1}^{n}f_{cori}/f^c_{cu,i} \tag{2-12}$$

式中，η——修正系数，精确至小数点后两位。

$f_{cu,i}$——第 i 个混凝土立方体试块抗压强度实测值（以边长为 150 mm 计，MPa）精确至 0.1 MPa。

f_{cui}^{c}——对应于第 i 个试块或芯样试件的混凝土强度换算值（MPa），精确至 0.1 MPa。

$f_{cu,i}$——第 i 混凝土芯样试件抗压强度实测值（以 100m×100 mm 计，MPa），精确至 0.1 MPa。

n——试件数。

（3）结构或构件的混凝土强度推定值 $f_{cu,e}$ 应按下列条件确定：

当结构构件的测区抗压强度换算值中出现小于 10.0 MPa 时，该构件的混凝土抗压强度推定值 $f_{cu,e}$ 取小于 10 MPa。

当结构或构件中测区小于 10 个时，按下列公式计算：

$$f_{cu,e}=f_{cu,\min}^{c} \tag{2-13}$$

当按批抽样检测时，该批构件的混凝土强度推定值应按下列公式计算：

$$f_{cu,e}=mf_{cu}^{c}-1.645sf_{cu,\min}^{c} \tag{2-14}$$

式中各测区混凝土强度换算值的平均值 mf_{cu}^{c} 及标准差 sf_{cu}^{c} 应按下列公式计算：

$$sf_{cu}^{c}=\sqrt{\frac{\sum_{i=1}^{n}(f_{cu,i}^{c}-mf_{cu}^{c})^{2}}{n=1}} \tag{2-15}$$

（4）当属同批构件按批抽样检测时，若全部测区强度的标准差出现下列情况之一时，则该批构件全部按单个构件检测：

当混凝土抗压强度平均值 $mf_{cu}^{c}<25.0$ MPa，标准差 $sf_{cu}^{c}>4.5$ MPa。

当混凝土抗压强度平均值 $mf_{cu}^{c}=25.0\sim50.0$ MPa，标准差 $mf_{cu}^{c}>5.5$ MPa。

当混凝土抗压强度平均值 $mf_{cu}^{c}>50.0$ MPa，标准差 $sf_{cu}^{c}>6.5$ MPa。

注：结构或构件的混凝土强度推定值是指相应于强度换算值总体分布中保证率不低于 95 %的结构或构件中的混凝土抗压强度值。

2.2.7　例题

某厂房预制混凝土梁，截面尺寸为 400 mm×600 mm，该混凝土梁混凝土强度等级为 C30，混凝土所用的粗骨料为卵石，各测区回弹仪读数和测距及声的值如表 2-6 所示，试计算该构件的现龄期混凝土强度推定值。

表 2-6 某厂房预制混凝土梁现场检测数据

测区	测点回弹值/R_i								测点测距/li/声时/ti		
	1	2	3	4	5	6	7	8	1	2	3
1	44	42	40	46	38	36	40	42	400	400	400
	40	38	36	40	42	40	44	42	89.49	91.11	90.9
2	38	44	52	40	36	38	42	40	400	400	400
	42	40	38	36	38	42	44	46	89.29	88.89	89.69
3	42	46	44	42	44	40	44	42	400	400	400
	44	44	42	42	40	46	44	42	95.24	9346	100
4	40	42	44	44	42	40	44	42	400	400	400
	44	40	46	44	44	44	42	40	97.09	99.5	99.0
5	40	42	44	40	46	44	42	46	400	400	400
	44	38	42	46	48	44	46	47	93.02	95.69	90.5
6	42	44	40	46	42	42	46	48	400	400	400
	44	47	46	44	38	44	42	48	93.02	95.69	90.5
7	46	44	48	46	44	46	38	40	400	400	400
	42	46	44	48	46	44	42	40	93.46	93.02	86.58
8	48	46	44	42	40	44	38	38	400	400	400
	40	42	42	42	40	42	42	44	92.17	95.24	93.02
9	48	46	44	42	44	40	46	44	400	400	400
	42	42	40	42	44	42	40	44	93.46	99.0	99.0
10	48	42	44	42	44	38	36	40	400	400	400
	42	40	44	46	44	42	40	38	93.9	95.69	94.79

（1）计算测区回弹代表值，从该测区的 16 个回弹值中剔除 3 个较大值和 3 个较小值，余下的 10 个回弹值计算平均值，即是回弹代表值。

（2）根据式（2—6）、式（2—7），计算出测区声速代表值。

（3）按式（2—8）计算出测区的强度换算值。

（4）测区数不小于 10 个，按式（2—14）、式（2—15）计算，精确至 0.1 MPa，计算结果如表 2-7 所示。

表 2-7　计算结果

构件名称及编号	轴梁					计算时期：　年　月　日				
测区 项目	1	2	3	4	5	6	7	8	9	10
回弹代表值	40.6	40.4	43.0	42.8	44.0	44.0	44.4	42.0	43.0	42.0
声速代表值	4.42	4.48	4.16	4.06	4.26	4.30	4.40	4.28	4.12	4.22
混凝土测区强度算值	35.1	35.7	32.9	32.9	37.0	37.6	39.6	35.0	33.9	34.1
强度计算 $n=10$/MPa	$m f^{c}_{cu}=35.54$			$s f^{c}_{cu}=2.01$					$f^{c}_{cu,min}=32.9$	
构件混凝土强度推定值 MPa				$f_{cu,e}=32.4$						

任务 2.3　钻芯法

2.3.1　检测原理

钻芯法检测混凝土抗压强度是指从结构或构件中钻取混凝土芯样，进行锯切、研磨等加工，使之成为符合规定的芯样试件，通过对芯样试件进行抗压强度试验，以此确定被测结构或构件的混凝土强度的一种检测方法。工程界普遍认为它是一种最为直观、可靠和准确的检测方法。但该检测方法会对结构混凝土造成局部损伤，是一种微（半）破损的现场检测手段。

2.3.2　检测依据

《钻芯法检测混凝土强度技术规程》(CECS 03－2007)。

2.3.3　仪器设备及环境

1. 钻芯机

钻芯机是在现场结构或构件上钻取混凝土芯样的主要设备。钻芯机具有足够的刚度、操作灵活且移动方便，并配有水冷却系统。钻取芯样时宜采用人造金刚石薄壁钻头，钻头胎体不得有肉眼可见的裂缝、缺边、少角、倾斜及喇叭口变形。

2. 芯样加工设备

芯样加工设备包括芯样的锯切和磨平两种设备。但在实际应用中有些设备同样是具有锯切和磨平两种功能。锯切芯样时使用的锯切机和磨平机，应具有冷却系统和芯样夹紧装置，配套使用的人造金刚石圆锯片应具有足够的刚度。芯样宜采用补平装置（或研磨机）进行芯样端面加工，补平装置除应保证芯样的端面平整外，还应保证芯样端面与芯样轴线垂直。

3. 探测钢筋位置的定位仪

该仪器并不直接参与检测活动，而是利用该设备准确测出构件中钢筋的位置，以防在芯样钻取过程中遇到钢筋，从而对构件的承载能力产生影响。在现场使用的推测钢筋位置的定位仪，应便于现场操作，最大探测深度不小于 60 mm，探测位置偏差不宜大于 5 mm。

4. 游标卡尺

主要用于对芯样尺寸的测量。

5. 抗压强度实验机

利用该设备，对符合要求的混凝土芯样试件进行抗压强度实验。

2.3.4 芯样取样及加工要求

1. 芯样的钻取

（1）采用钻芯法检测混凝土强度前，应具备以下资料：

①工程名称（或代号）及设计、施工、监理、建设单位的名称。

②机构或构件种类、外形尺寸及数量。

③设计混凝土强度等级。

④检测龄期、原材料（水泥品种、粗骨料粒径等）和抗压强度实验报告。

⑤结构或构件质量状况和施工中存在的记录。

⑥有关的结构设计施工图等。

（2）芯样宜在结构或构件的下列部位钻取：

①结构或构件受力较小的部位。

②混凝土强度具有代表性的部位。

③便于钻芯机安放与操作的部位。

④避开主筋、预埋件和管线的位置。

⑤用钻芯法和非破损法综合测定强度时，应与非破损法取同一测区。

（3）芯样的规格尺寸：抗压实验的芯样试件宜用标准芯样试件，其公称直径不宜小于骨料最大粒径的 3 倍，也可采用小直径芯样试件，但其公称直径不应小于 70 mm 且不得小于骨料最大粒径的两倍。

(4) 钻取芯样的数量：钻芯法可用于确定检测批或单个构件的混凝土强度推定值，也可以用于钻芯修正方法修正间接强度检测方法得到的混凝土抗压强度换算值。

当用钻芯法确定检测批的混凝土强度推定值时，芯样试件的数量应根据检测批的容量确定，标准芯样试件的最小样本量不宜少于15个，小直径芯样试件的最小样本量应适当增加。当用钻芯法确定单个构件的混凝土强度推定值时，有效芯样试件的数量不应少于3个;对于较小的构件，有效芯样构件的数量不得少于2个；当用于钻芯修正时，标准芯样试件的数量不应少于6个，小直径芯样试件数量宜适当增加。

(5) 混凝土芯样钻取：钻芯机就位并安放平稳后，将钻芯机固定的方法应根据钻芯机的构造和施工现场的具体情况来确定；钻芯机在未安装钻头前，应先通电检查主轴旋转方向（三相电动机）；钻芯时用于冷却钻头和排除混凝土碎屑的冷却水流量宜为3～5 $L/\min$;钻取芯样时应控制进钻的速度；钻芯损伤时应遵守国家有关安全生产和劳动保护的规定，并遵守钻芯现场安全生产的相关规定。

对于钻取的芯样应进行标记，并采取保护措施，避免在运输和贮存中导致损坏。

(6) 芯样的尺寸要求：抗压芯样试件的高度与直径之比（H/D）宜为1.00，芯样试件内不宜含有钢筋。(不能满足此项要求时，抗压试件应符合下列要求：标准芯样试件，每个试件内最多只允许有2根直径小于10 mm的钢筋；公称直径小于100 mm的芯样试件，每个试件内最多只允许有1根直径小于10 mm的钢筋；芯样内的钢筋应与芯样试件的轴线基本垂直并离开端面10 mm以上)。

锯切后的芯样应进行躾面处理，宜采取在磨平机上磨平端面的处理方法。承受轴向压力芯样试件的端面，也可采取下列处理方法：用球氧胶泥或聚合物水泥砂浆补平；抗压强度低于40 MPa的芯样试件，可采用水泥砂浆、水泥净浆或聚合物水泥砂浆补平，补平层百度不宜大于5 mm；也可采用硫黄胶泥补平，补平层不宜大于1.5 mm。

2.3.5　芯样抗压试验

1. 芯样的尺寸测量

在试验前应按下列规定测量芯样试件的尺寸：平均直径用游标卡尺在芯样试中部相互垂直的两个位置上测量，取测量的算术平均值作为芯样试件的直径，精确到0.5 mm；芯样试件高度用钢卷尺或钢板尺进行测量，精确至1 mm；垂直度用游标量角器测量芯样试件两个端点与线之间的夹角，精确至0.1°；平整度用钢卷尺或角尺紧靠在芯样试件端面上，一面转运钢板尺，一面用塞尺量负板尺与芯样试件端面之间的缝隙；也可采用其他专用器具测。

如果芯样试件尺寸偏差及外观质量超过下列数值下，其抗压强度相应的测试无效：芯样试件的实际高径比（H/D）小于要求高径比的0.95或大于1.05；沿芯样试件调试的任一直径与平均直径相差大于2 mm；抗压芯样试件端面的平整度在100 mm长度内大于0.1 mm;芯样试件端面与轴线的不垂直度大于1°；芯样有裂缝或有其他较大的缺陷。

2. 芯样的养护方式

一般情况下，芯样试件应在自然干燥状态下进行抗压试验。当结构工作条件比较潮湿时，需要确定潮湿状态下混凝土的强度，芯样试件宜在（20±5)℃的清水中浸泡40～45 h,从水中取出后立即进行试验。

3. 芯样的抗压试验及强度计算

芯样试件抗压的损伤应符合现行国家标准《普通混凝土力学性能试验方法标准》（GB/T50081—2002）中对立方体试块压力试验的规定。

混凝土的抗压强度值，应根据混凝土原材料和施工工艺通过试验确定，也可按下式确定：

$$f_{cu,e1}=F_c/A \tag{2-16}$$

式中，$f_{cu,e1}$——芯样试件的混凝土抗压强度值；

F_c——芯样试件的抗压试验测得的最大压力（N）；

A—芯样试件抗压截面面积（mm^2）。

2.3.6 混凝土强度推定值的确定

（1）检测批混凝土强度推定值应按下列方法确定。检测批的混凝土强度推定值应计算推定区间，推定区间的上限值和下限值按下列公式计算：

$$\text{上限值 } f_{cu,e1}=f_{cu,com}-k_1 s_{fcor} \tag{2-17}$$

$$\text{下限值 } f_{cu,e2}=f_{cu,com}-k_2 s_{fcor} \tag{2-18}$$

$$\text{平均值 } f_{cu,com}=\frac{\sum_{i=1}^{n} f_{cu,cor,i}}{n} \tag{2-19}$$

$$\text{标准差 } s_{fcor}=\sqrt{\frac{\sum_{i=1}^{n}(f_{cu,cor,i}-f_{cu,cor,n})}{n-1}} \tag{2-20}$$

式中，$f_{cu,cor,n}$——芯样试件的混凝土抗压强度平均值（MPa），精确至0.1 MPa；

$f_{cu,cor,i}$——单个芯样试件的混凝土抗压强度值（MPa），精确至0.1 MPa；

$f_{cu,e1}$——混凝土抗压强度推定上限值（MPa），精确定0.1 MPa；

$f_{cu,e2}$——混凝土抗压强度推定下限值（MPa），精确定0.1 MPa；

$k_1 k_2$——推定区间上限值系数和下限值系数，如表2-8所示；

sf_{ocr}——芯样试件抗压强度样本的标准差（MPa），精确定0.1 MPa。

（2）对于$f_{cu,e1}$和$f_{cu,e2}$所构成推定区间的置信度宜为0.85，$f_{cu,e1}$与$f_{cu,e2}$之间的差值不宜大于5.0 MPa和0.10$f_{cu,cor,n}$两者的较大值。

（3）宜以$f_{cu,e1}$作为检测批混凝土强度推定值。

表 2-8　上下限值系数

试件数/n	k_1 (0.10)	k_2 (0.05)	试件数/n	k_1 (0.10)	k_2 (0.05)
15	1.222	2.566	37	2.360	2.149
16	1.234	2.524	38	1.363	2.141
17	1.244	2.486	39	1.366	2.133
18	1.254	2.453	40	1.369	2.125
19	1.263	2.423	41	1.372	2.118
20	1.271	2.396	42	1.375	2.111
21	1.279	1.371	43	1.378	2.105
22	1.286	2.349	44	1.381	2.098
23	1.293	2.328	45	1.383	2.092
24	1.300	2.309	46	1.386	2.086
25	1.306	2.292	47	1.389	2.081
26	1.311	2.275	48	1.391	2.075
27	1.317	2.260	49	1.393	2.070
28	1.322	2.246	50	1.396	2.065
29	1.327	2.232	60	1.415	2.022
30	1.332	2.220	70	1.431	1.990
31	1.336	2.208	80	1.444	1.964
32	1.411	2.197	90	1.454	1.944
33	1.345	2.186	100	1.463	1.927
34	1.349	2.176	110	1.471	1.912
35	1.352	2.167	120	1.478	1.899
36	1.356	2.158	——	——	——

注意：钻芯确定检测批混凝土强度推定值时，可剔除芯样试件抗压强度样本中的异常值。剔除规则应按现行国家标准《数据的统计处理和解释正态样本离群值的判断和处理》（GB/T 4883）的规定执行。当确有试验依据时，可对芯样试件抗压强度样本的标准差 s_{fcor} 进行符合实际情况的修正或调整。

（4）单个构件混凝土强度的推定值应按下列方法确定：

单个构件的混凝土强度推定值不再进行数据的舍弃，而应按有效芯样试件混凝土抗压强度值中的最小值确定。

（5）钻芯修正。钻芯修正后的换算强度可按下列公式计算：

$$f^{2}_{cu,i_0}=f^{c}_{cu,i}+\Delta f \tag{2-21}$$

$$\Delta f=f^{c}_{cu,cor,n}-f^{c}_{cn,m_j} \tag{2-22}$$

式中，f^{c}_{cu,i_0}——修正后的换算强度；

$f^{c}_{cu,i}$——修正前的换算强度；

Δf——修正量。

f^{c}_{cn,m_j} 所用间接检测方法（如回弹、超声－回弹综合法）对应测区的换算强度的算术平均值。

由钻芯修正方法确定检测批的混凝土强度推定值时，应采用修正后的样本算术平均值和标准差对其 0 构件的混凝土强度进行推定。

任务 2.4　后装拔出法

2.4.1　基本原理

拔出法是指将安装在混凝土中的锚固件拔出，测出极限拔出力，利用事先建立的极限拔出力和混凝土强度间的相关关系推定出被测混凝土结构构件的混凝土强度的方法。比较成熟地拔出法分为预埋或拔出法和后装拔出法两种，预埋拔出法是指预先将锚固件埋入混凝土中地拔出法，它适用于成批的连续生产的混凝土结构构件，按施工程序要求，预先埋好锚固件，在一定的条件下，进行拔出试验，确定被测构件的混凝土强度。后装拔出法指混凝土硬化后在现场混凝土结构上通过钻孔、扩孔、后装锚固件、拔出试验等步骤，检测现场混凝土构件的混凝土抗压强度的一种方法。在我国多采用后装拔出法。

2.4.2　依据标准

《后装拔出法检测混凝土强度技术规程》(CECS69—2011)。

2.4.3　仪器设备及检测环境

(1) 拔出试验装置由钻孔机、磨槽机、锚固件及拔出仪等仪器组成。

①钻孔机主要是在混凝土表面钻取孔洞的工具。钻孔机可采用金刚石薄壁空心钻或冲击电锤，金刚石薄壁空心钻应带有冷却水装置。钻孔机最好带有控制垂直度及深度的装置。

②磨槽机有时又称为扩孔设备，用该设备在已钻好孔内一定的深度范围内进行扩充，在孔内形成一个圆环。磨槽机由电钻金刚石磨头定位圆盘及冷却水装置组成。

③锚固件由胀杆组成。检测时将其镶嵌在孔内，通过胀簧将其锚固台阶胀开，使之与孔内混凝土咬合锚固。

④拔出试验装置可采用圆环式或三点式。对于圆环拔出试验装置的反力支承内径一般为 55 mm，锚固件的锚固深度为 25 mm；三点式拔出试验装置的反力支承内径一般为

120 mm，锚固件的锚固深度为 35 mm，钻孔直径为 22 mm。圆环式拔出试验装置宜用于粗骨料最大粒径不大于 40 mm 的混凝土，三点式拔出试验装置宜用于粗骨料最大粒径不大于 60 mm 的混凝土。

⑤拔出仪主要由加荷装置、测力装置、反力支承三部分组成。对于常用的拔出仪应具备以下技术性能：

· 额定拔出力大于测试范围内的最大拔出力。

· 工作行程对于圆环式拔出试验装置不小于 4 mm，对于三点式拔出试验装置不小于 6 mm。

· 允许误差值为 2 %FS。

· 测力装置宜具有峰值保持功能。

· 拔出仪应按规定进行量值溯源。

(2) 检测环境条件。对于该检测方法的环境条件的要求，主要取决于拔出仪显示仪表的要求，对于电子类仪表一般正常使用环境为 4～40 ℃。

2.4.4　基本要求

(1) 检测部位混凝土表层与内部质量一致。当混凝土表层与内部质量有明显差异时应将薄弱表层清除干净后方可进行检测。

(2) 试验前宜具备下列有关资料：

①工程名称及设计、施工、建设单位名称。

②结构或构件名称、设计图纸以及图纸要求的混凝土强度等级。

③粗骨料品种最大粒径及混凝土配合比。

④混凝土浇筑和养护情况以及混凝土的龄期。

⑤结构或构件存在的质量问题等。

(3) 关于检测批的划分规定。结构或构件的混凝土强度可按单个构件检测或同批构件按批抽样检测。对于符合下列条件的构件可作为同批构件：

①混凝土强度等级相同。

②混凝土原材料、配合比、施工工艺、养护条件及龄期基本相同。

③构件种类相同。

④构件所处环境相同。

(4) 测点的布置要求。

①按单个构件检测时，应在构件上均匀布置 3 个测点，当 3 个拔出力中的最大拔出力和最小拔出力与中间值之差均小于中间值的 15 %时，仅布置 3 个测点即可；当最大拔出力或最小拔出力与中间值之差大于中间值的 15 %（包括两者均大于中间值的 15 %）时，应在最小拔出力测点附近再加测 2 个测点。

②当同批构件按批抽样检测时，抽检数量应不少于同批构件总数的 30 %，且抽检数不少于 10 件，每个构件不应少于 3 个测点。

③测点宜布置在构件混凝土成型的侧面上，如不能满足这一要求时，可布置在混凝土

成型的表面或底面。

④在构件的受力较大及薄弱部位应布置测点，相邻两测点的间距不应小于 10 h，测点距构件边缘不应小于 4 h（h 为锚固深度）。

⑤测点应避开接缝、蜂窝、麻面部位和混凝土表层的钢筋预埋件。

⑥测试面应平整、清洁、干燥，对饰面层浮浆等应予以清除，必要时进行磨平处理。

2.4.5 检测方法与试验操作步骤

1. 钻孔

在钻孔过程中，钻头应始终与混凝土表面保持垂直，垂直度偏差不应大于 3°，成孔尺寸应满足下列要求：

（1）钻孔直径应比规定值大 0.1 mm 且不宜大于 1.0 mm。

（2）钻孔深度 h 应比锚固深度 h 深 20～30 mm。

2. 磨槽

在混凝土孔壁磨环形槽时，磨槽机的定位圆盘应始终紧靠混凝土表面回转，磨出的环形槽形状就规整。这项工作对于检测结果的准确性至关重要，其操作误差符合下列要求：

（1）锚固深度 h 允许误差为±0.8 mm。

（2）环形槽深度 c 应为 3.6～4.5 mm。

3. 拔出试验

混凝土构件地拔出试验应按下列步骤进行。

（1）安装锚固件：将胀簧插入成型孔内，通过胀杆使胀簧锚固台阶完全嵌入环形槽内，并保证锚固可靠。

（2）安装拔出仪：将拔出仪与锚固件用杆连接对中，并与混凝土表面垂直。

（3）施加拔出力：用千斤顶对锚固件施加拔出力，拔出锚固件。在施加拔出力时应连续均匀，其速度控制在 0.5～1.0kN/s。

（4）读取拔出力：施加拔出力至混凝土开裂破坏、测力显示器读数不再增加为止，记录极限拔出力值精确至 0.1kN。

（5）当拔出试验出现异常时，应做详细记录，并将该值舍去，在其附近补测一个测点。

4. 修补混凝土破损部位

拔出试验后应对拔出试验造成的混凝土破损部位进行修补。

2.4.6　混凝土强度换算及推定

1. 测点混凝土强度换算

混凝土强度换算值应按下列公式计算：

$$f^{c}_{cu,i}=AF_i+B \tag{2-23}$$

式中，$f^{c}_{cu,i}$——第 i 个测点混凝土强度换算值（MPa），精确至 0.1 MPa；

F——拔出力（kN），精确至 0.1 kN；

A、B——测强公式系数。后装拔出法分别为 1.55 和 2.35、后装拔出（三点式）分别为 2.76 和 11.54、预埋拔出（圆环式）分别为 1.28 和－0.64。

2. 钻芯修正

当被测结构所用混凝土的材料与制定测强曲线所用材料有较大的差异时，可在被测结构上钻取混凝土芯样，根据芯样强度对混凝土强度换算值进行修正，芯样数量应不少于 3 个。在每个钻取芯样附近做 3 个测点的拔出试验，取 3 个拔出力的平均值计算其测点的强度换算值。同时对钻取的混凝土芯样进行抗压强度试验，得出其抗压强度，然后计算两者的比值，得出其修正系数。

3. 单个构件的混凝土强度推定

对于单个构件的拔出力计算值应按下规定取值。

（1）当构件 3 个拔出力中的最大和最小拔出力与中间值之差均小于中间值的 15 %时取最小值作为该构件拔出力计算值。

（2）当进行加测后，加测的 2 个拔出力值和最小拔出力值一起取平均值，再与前一次的拔出力中间值比较，取小值作为该构件拔出力计算值。

（3）将单个构件的拔出力计算值计算强度换算值或用芯样的修正系数乘以强度换算值作为单个构件混凝土强度推定值 $f_{cu,e}$。

（4）批抽检构件的混凝土强度推定。

根据同批构件抽样检测的每个拔出力计算强度换算值或用芯样修正系数乘以强度换算值。

混凝土强度的推定值 $f_{cu,e}$ 按下列公式计算：

$$f_{cu,e1}=m_{f^{c}_{cu}}-1.645s\,f^{c}_{cu} \tag{2-24}$$

$$f_{cu,e2}=m_{f^{c}_{cu,min}}=\frac{1}{n}\sum_{i=1}^{n}f^{c}_{cu,min} \tag{2-25}$$

式中，$m_{f^{c}_{cu}}$——批抽检构件混凝土强度换算值的平均值（MPa），精确至 0.1 MPa；

$m_{f^{c}_{cu,min}}$——批抽检每个构件混凝土强度换算值中最小值的平均值（MPa），精确至 0.1 MPa；

$f^{c}_{cu,min}$——第 j 个构件混凝土强度换算值中的最小值（MPa），精确至 0.1 MPa；批抽检构件混凝土强度换算值的标准差，按下式计算：

$$s_{f_{cu}^c}=\sqrt{\frac{\sum_{i=1}^{n}(f_{cu,i}^c-m_{f_{cu}^c})^2}{n=1}} \tag{2-26}$$

$f_{cu,i}^c$——第 i 测点混凝土强度换算值；

$s\,f_{cu,min}^c$——批抽检每个构件混凝土强度换算值中最小值的平均值（MPa），精确至0.1 MPa；

$f_{cu,min}^c$——第 j 个构件混凝土强度换算值中的最小值（MPa），精确至 0.1 MPal

批抽检构件混凝土强度换算值的标准差，按下式计算：

$$s\,f_{cu}^c=\sqrt{\frac{\sum_{i=1}^{n}(f_{cu,i}^c-m_{f_{cu}^c})^2}{n=1}} \tag{2-27}$$

$f_{cu,i}^c$——第 i 个测点混凝土强度换算值；

$s_{f_{cu}^c}$——批抽检构件混凝土强度换算值的标准差（MPa），精确至 0.1 MPa；

n——批抽检构件的测点总数。

取 $f_{cu,e1}$ 和 $f_{cu,e2}$ 较大者作为该批构件的混凝土强度推定值。

（5）对于按批抽样检测的构件，当全部测点的强度标准差出现下列情况时，该批构件应全部按单个构件检测。

①当混凝土强度换算值的平均值小于或等于 25 MPa 时，其标准差大于 4.5 MPa；

②当混凝土强度换算值的平均值大于 25 MPa 时，其标准差大于 5.5 MPa。

实训任务总结

完成本项目实训任务（见表 2-9）

表 2-9　实训任务总结评定单任务

<table>
<tr><td>班级</td><td></td><td>学号</td><td></td><td>姓名</td><td></td><td rowspan="2">成绩</td></tr>
<tr><td>周次</td><td></td><td>实训日期</td><td></td><td>组别</td><td></td></tr>
<tr><td colspan="7">1. 目的与要求</td></tr>
<tr><td colspan="7">2. 任务内容简述</td></tr>
<tr><td rowspan="3">3. 课题
报告
内容</td><td colspan="6">（1）相关理论知识</td></tr>
<tr><td colspan="6">（2）相关实践、安全知识</td></tr>
<tr><td colspan="6">（3）项目实施工程中的重点问题及解决情况</td></tr>
<tr><td>实训项目</td><td colspan="6">标准要求</td></tr>
</table>

项目3 混凝土构件结构性能检验

结构构件性能检测是针对结构构件的承载力、挠度、裂缝控制性能等各项指标所进行的检测。本项目介绍了结构构件检测的内容、抽样数量的规定、检测仪器和方法的要求、检验结果的验收及允许二次检验的规定等。结构构件性能检测之前，应详细了解结构构件的基本信息，制定周密的检验方案。

任务3.1 基本要求

3.1.1 结构性能试验的概念

构件的结构荷载试验是通过对试验构件施加荷载，观测结构构件的变化（包括：变形、裂缝、破坏）情况，从而判断被测构件的结构性能（承载能力）。构件的结构性能载荷试验，按其在被测构件或结构上作用载荷特性的不同，可分为静荷载试验（简称静载或静力试验）和动荷载试验（简称动载或动力试验）。如果按荷载试验结构上的试验持续时间的不同又可为短期荷载试验和长期荷载试验。

本任务主要讨论预制构件结构性能检验的短期静荷载试验。

3.1.2 检测依据

《混凝土结构工程施工质量验收规范》(GB50204—2002)。

《混凝土结构试验方法标准》(GB50152—2012)。

《混凝土结构设计规范》(GB50010—2002)。

《建筑结构荷载规范》(GB50009—2012)。

《建筑结构检测技术标准》(GB50344—2004)。

3.1.3 仪器设备及环境

(1) 常用检测仪器一般分为加载设备和量测设备。

①加载设备：加载梁、支墩、支座、千斤顶、加载砝码等。

②量测仪器：应变仪、位移计、裂缝观测仪等。

(2) 预制构件结构性能试验条件应满足下列要求：

①构件应在 0 ℃以上的温度中进行试验。

②蒸汽养护后的构件应构件应在冷却至常温后进行试验。

③构件在试验前应测量其实际尺寸，并检查构件表面，所有的缺陷和裂缝应在构件上标出。

(3) 标定或校准。试验用的加荷设备及量测仪表应预先进行标定或校准。

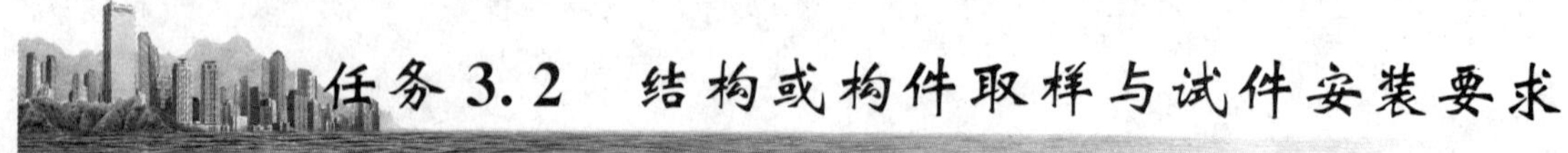

任务 3.2 结构或构件取样与试件安装要求

3.2.1 取样要求

对于构件结构能检验数量，应符合下列要求：成批生产的混凝土构件，应按同一生产工艺正常生产的不超过 1 000 件，且不超过 3 个月的同类产品为一批。当连续检验 10 批且每批的结构性能检验结果无所符合规范规定的要求时，对同一生产工艺正常生产的构件，可改为不超过 2 000 件且不超过 3 个月的同类型产品为一批。在每批中应随机抽取一个构件作为试件进行结构性能检验。同时抽取 2 个备用构件，以便在需进行复检时使用。

3.2.2 试件的安装要求

对进行结构必能检验的构件，其支承方式应符合下列规定：

(1) 板、梁和桁架等简支构件，试验时应一端采用滚动支承，另一端采用铰支承。铰支承可采用角钢、半圆形钢或焊于钢板上的圆钢，滚动支承可采圆钢。

(2) 四角简支或四边简支的双向板，其支承方式应保证支承处构件能自由转运，支承面可以相对水平移动。

(3) 当试验的构件承受较大集中力或支座反力时，应对支承部分进行局部受压承载力验算。

(4) 构件与支承面应紧密接触；钢垫板与构件、钢垫板与支墩间，应铺砂浆垫平。

(5) 构件支承的中心线位置应符合标准图或设计的要求。

3.2.3　试验构件的荷载布置方法

构件进行结构性能试验时，其荷载的布置方法包括：均布荷载和集中荷载两种形式。对板、梁和桁架等简支构件采用集中荷载方式加载时，又分为三分点加荷和四分点加荷两种方式。构件的具体加荷方式，在一般情况下应符合下列规定：

(1) 构件的试验荷载布置应符合标准图或设计的要求。

(2) 当试验荷载布置不能完全与标准图或设计的要求相符时，应按荷载效应等效的原则进行换算，即使构件试验的内力图形与设计的内力图形相似，并且控制截面上的内力值相等，也应考虑荷载布置改变后对构件其他部位的不利影响。

3.2.4　加载方法

在现场试验过程中，荷载的加载方法应根据标准图或设计的加载要求、构件类型及加荷设备条件等进行选择。当按照不同形式的荷载组合进行加载试验（包括均布荷载、集中荷载、水平荷载和竖向荷载等）时，各种荷载应按比例增加。

1. 荷重块加载

荷重块加载适用于均布加载试验。荷重块应按区格成垛堆放，沿试验结构构件跨度方向的每堆长度不应大于试验结构构件跨度的 1/6；对于跨度为 4 m 和 4 m 以下的试验结构构件，每堆长度不应大于构件跨度的 1/4；堆间应留 50～150 mm 的间隙。红砖等小型块状材料，应逐级分堆称量；铁块、混凝土块等块状重物应逐块或逐级分堆称量，最大块重应满足加载分级的需要，并不宜大于 25 kg；对于块体大小均匀，含水量一致又经抽样核实块重确系均匀的小型块材，可按平均块重计算加载量。

2. 千斤顶加载

加载适用于集中加载试验。千斤顶加载时，可采用分配梁系统实现多点集中加载。千斤顶的加载值宜采用荷载传感器量测，也可采用油压表量测。在用千斤顶进行加荷时，其量程应满足结构构件最大测值的要求，最大测值不宜大于选用千斤顶最大量程的 80 %。

3. 保护设施

试验结构构件、设备及量测仪表均有防风防雨、防晒和防摔等保护设施。

任务3.3 荷载试验操作步骤

3.3.1 检验内容

预制构件的结构性能检验，应按标准图或设计要求的试验参数及检验指标进行。其检验主要内容包括：钢筋混凝土构件和允许出现裂缝的预应力混凝土构件进行承载力、挠度和裂缝宽度检验；不允许出现裂缝的预应力混凝土构件进行承载力、挠度和抗裂检验；预应力混凝土构件中的非预应力杆件按钢筋混凝土构件的要求进行检验。对设计成熟、生产数量较少的大型构件，当采取加强材料和制件质量检验的措施时，可仅作挠度、抗裂或裂缝宽度检验；当采取上述措施并有可靠的实践经验时，可不作结构性能检验。

1. 试验荷载的确定

（1）在进行混凝土结构试验前，应根据试验要求分别确定下列试验荷载值：

①对结构构件的挠度、抗裂度（裂缝宽度）试验，应确定正常使用极限状态试验荷载值或检验荷载标准值。

②对结构构件的抗裂试验，应确定开裂试验荷载值。

③对结构构件的承载力试验，应确定承载能力极限状态试验荷载值，或称为承载力检验荷载值。

（2）检验性试验结构构件的检验荷载标准值应按下列方法确定：

①预应力混凝土空心板的检验荷载标准值，按相应所测空心板的规格，查图集结构性能检验参数表中检验荷载标准 q_k^e（kN/m）乘以板计算跨度得到值计算。

②现浇混凝土结构构件的正常使用极限状态试验荷载值，应根据结构构件控制截面上的荷载短期效应组合的设计值 S_S 和试验加载图式经换算后确定。

③荷载短期效应组合的设计值 S_S 应按国家标准《建筑结构荷载规范》（GB50009—2012）公式 3.2.8 计算确定，或由设计文件提供。

注：《建筑结构荷载规范》（GB50009—2001）公式 3－1 荷载标准值 S：

$$S=S_{G_k}+S_{Q_{1k}}+\sum_{i=1}^{n}\psi_{ci}S_{Q_{ik}} \tag{3-1}$$

式中，S_{G_k}——按永久荷载标准值 G_k 计算的荷载效应值；

$S_{Q_{1k}}$——按可变荷载标准值 Q_{ik} 计算的荷载效应值，其中 Q_{ik} 在诸可变荷载效应中起到控制作用；

ψ_{ci}——可变荷载 Q_i 的组合值系数，应分别按各章的规定采用。

2. 试验结构构件的开裂试验

试验结构构件的开裂试验荷载计算值，按下列方法计算：

$$S_{cr}^{c}=[\gamma_{cr}]\ S_{S} \tag{3-2}$$

式中，S_{cr}^{c}——正截面抗裂检验的开裂内力计算值；

$[\gamma_{cr}]$——构件抗裂检验系数允许值，按所测空心板检查图集结构性能检验参数表中得到；

S_S——检验荷载标准值。

当按设计要求规定进行检验时，应按下列公式计算：

$$S_{ud}^{c}=\gamma_{0}\ [\gamma_{u}]\ S \tag{3-3}$$

式中，S_{ud}^{c}——当按设计要求规定进行检验时，结构构件达到承载力极限状态时的内力计算值，也可称为承载力检验值（包括自重产生的内力）；

γ_0——结构构件的重要性系数；

$[\gamma_u]$——结构构件承载力检验系数允许值，按现行国家标准《混凝土结构工程施工质量验收规范》(GB50204—2002) 取用，具体如表 3-1 所示；

S——承载力检验荷载设计值，按相应所测空心板规格检查图集结构性能检验参数表中承载力检验荷载设计值 q_u^e（kN/m）乘以板计算跨度计算得到。

表 3-1 混凝土结构工程施工质量验收规范

受力情况	达到承载能力极限状态的检验标志		γ_u
轴心受拉、偏心受控、受弯、大偏心受压	受压主筋处的最大裂缝宽度达到1.5 mm，或挠度达到跨度的1/50	热轧钢筋	1.20
		钢丝、钢绞线、热处理钢筋	1.35
	受压区混凝土破坏	热轧钢筋	1.30
		钢丝、钢绞线、热处理钢筋	1.45
	受拉主筋拉断		1.50
受压构件的受检	腹部斜裂缝达到1.5 mm，或斜裂缝末端受压混凝土减压破坏		1.40
受压构件的受检	沿斜面混凝土斜压破坏，受压主筋在端部滑脱或其他锚固破坏		1.55
轴心受拉、小偏心受压	混凝土受压		1.50

现浇混凝土结构件的承载力检验荷载设计值应按国家标准《建筑结构荷载规范》(GB50009—2012)公式（3−4）确定。

注：《建筑结构荷载规范》(GB50009—2012) 公式（3−4）荷载效应组合的设计值 S：

$$S=\gamma_{G}S_{G_k}+\gamma_{Q_1}S_{Q_{1k}}+\sum_{i=1}^{n}\gamma_{Q_i}\psi_{ci}S_{Q_{ik}} \tag{3-4}$$

式中，γ_G——永久荷载的分项系数，应按《建筑结构荷载规范》(GB50009—2012) 第 3.2.5 条采用；

γ_{Q_i}——第 i 可变荷载的分项系数，其中 γ_{Q_i} 为可就能荷载的分项系数，应按《建筑结构荷载规范》(GB50009—2012) 第 3.2.5 条采用；

S_{G_k}——按永久荷载标准值 G_k 计算的荷载效应值；

$S_{Q_{1k}}$——按可变荷载标准值 Q_{ik} 计算的荷载效应值，其中 $S_{Q_{ik}}$ 为诸可就能荷载效应中起控制作用者；

ψ_{ci}——可变荷载 Q 的组合值系数，应分别按《建筑结构荷载规范》(GB50009—2012）各章的规定采用；

n——参与组合的可变荷载数。

3.3.2 加载程序

1. 预加载

在对构件的结构性能试验正式开始前，宜对被测构件进行预加载，以检查试验装置的工作是否正常，同时观察构件是否在试验前已产生了裂缝等损伤情况。同时，在对构件进行预加荷时，应防止构件因预加载而产生裂缝。预加载值不宜超过结构构件开裂试验荷载计算值的 70 %。

2. 分级加载和卸载

试验荷载应按下列规定分级加载和卸载：

(1）构件分级加载方法。当荷载小于检验荷载标准时，每级荷载不应大于检验荷载标准值的 20 %；当荷载大于检验荷载标准时，每级荷载不应大于检验荷载标准值的 10 %；当荷载接近抗裂检验荷载值时，每级荷载不应大于检验荷载标准值的 5 %；当荷载接近承载力检验值时，每级荷载不应大于承载力检验值的 5 %。对仅作挠度、抗裂或裂缝宽度检验的构件应分级卸载。

(2）作用在构件上的试验设备重量及构件自重应作为第一次加载的一部分。

(3）每级卸载值可取为使用状态短期试验荷载值的 20 %～50 %，每级卸载后在构件上的试验荷载剩余值宜与加载时的某一荷载值相对应。

3. 每级加载或卸载后的荷载持续时间

应符合下列规定：每级加载完成后，应持续 10～15 min；在荷载标准值作用下，应持续 30 min，在持续时间内，应观察裂缝的出现和开展，以及钢筋有元滑移等；在持续时间结束时，应观察并记录各项读数。

4. 挠度或位移的量测方法

(1）挠度量测仪表的设置。挠度测点应在构件跨中截面的中轴线上沿构件两侧对称布置，还应在构件两端支座处布置测点，量测挠度的仪表应安装在独立不动仪表架上，现场试验应清除地基变形对仪表支架的影响。

(2）试验结构构件变形的量测时间。

①结构构件在试验加载前，应在没有外加荷载的条件下测读仪表的初始读数。

②试验时在每级荷载作用下，应在规定的荷载持续时间结束时量测结构构件的变形。

结构构件各部位测点的测试程序在整个试验过程中应保持一致，各测点间读数时间间隔不宜过长。

5. 应力—应变测量方法

(1) 需要进行应力-应变分析的结构构件，应量测其控制截面的应变。量测结构构件应变时，测点布置应符合下列要求：

对受弯构件应首先在弯矩最大的截面上沿截面高度布置测点，每个截面不宜少于 2 个；当芯样量测沿截面高度的应变分布规律时，布置测点数不宜少于 5 个；在同一截面的受拉区主筋上应布置应变测点。

(2) 量测结构构件局部变形采用千分表、杠杆应变表、手持式应变仪或电阻应变计等各种量测应变的仪表或传感元件；量测混凝土应变时，应变计的标距应大于混凝土粗骨料最大粒径的 3 倍。

当采用电阻应变计量测构件内部钢筋应变时，应使现场贴片，并作可靠的防护处理。

对于采用机械式应变仪量测构件内部钢筋应变时，则应在测点位置处的混凝土保护层部位预埋测点；也可在预留孔洞的钢筋上粘贴电阻应变计进行量测。

对于采用机械式应变计量测构件应变时，应有可靠的温度补偿措施。在温度变化较大的地方采用机械式应变仪量测应变时，应考虑到温度影响径向修正。

3.3.3 试验过程中的结果观察

1. 抗裂试验与裂缝量测方法

(1) 结构构件进行抗裂试验时，应在加载过程中仔细观察和判别试验结构构件中第一次出现的垂直裂缝或斜裂缝，并在构件上绘出裂缝位置，标出相应的荷载值

但放在加载过程中第一次出现裂缝是，应取前一级荷载值作为开裂荷载实测值；当在规定的荷载持续时间内第一次出现裂缝时，应取本级荷载值与前一级荷载的平均值作为其开裂荷载实测值；当在规定的荷载持续时间结束后第一次出现裂缝时，应取本级荷载值作为开裂荷载实测值。

(2) 用放大倍率不低于 4 倍的放大镜观察裂缝的出现。试验结构构件开裂后应立即对裂缝的发生发展情况进行详细观测，量测使用状态试验荷载值作用下的最大裂缝宽度及各级荷载作用下的主要裂缝作用下的主要裂缝宽度、长度及裂缝间距，并在试件上标出。

(3) 最大裂缝宽度应在使用状态短期试验荷载值持续作用 30 min 结束时进行量测。

2. 承载力的测定和判定方法

(1) 对试验结构构件进行承载力试验时，在加载或持载过程中出现下列标志之一即可认为该结构构件宜达到或超过承载能力极限状态：

①对有明显物理流限的热轧钢筋，其受拉主钢筋应到达屈服强度，受接应变达到 0.01；对无明显物理流限的钢筋，其受拉主钢筋的受拉应变达到 0.01；

②受拉主钢筋拉断；

③受拉主钢筋处最大垂直裂缝宽度达到 1.5；

④挠度达到跨度的 1/50，对悬臂结构，挠度达到悬臂长的 1/25；

⑤受压区混凝土压坏。

（2）径向承载力试验时，应取首先到达到上述第(1)条所列的标志之一时的荷载值，包括自重和加载设备中来确定结构构件的承载力实测值。

（3）当在规定的荷载持续时间结束后出现上述第(1)条所列的标志之一时，应以此时的荷载值作为试验结构构件极限荷载的实测值；当在加载过程中出现上述标志之一时，应取前一级荷载值作为结构构件的极限荷载实测值；当在规定的荷载持续时值出现上述标志之一时，应取本级荷载值与前一级荷载的平均值作为极限荷载实测值。

任务 3.4　数据处理与结果判定

构件结构性能试验的结果判定，主要包括构件的变形（挠度）、抗裂度（裂缝宽度）和承载力三部分的结果分析和判定组成。

3.4.1　变形量测的试验结果整理

确定构件在各级荷载作用下的短期挠度实测值，按下列公式计算：

$$a_t^0 = a_q^0 \psi \tag{3-5}$$

$$a_q^0 = v_m^0 - \frac{1}{2}\left(v_1^0 + v_x^0\right) \tag{3-6}$$

式中，a_t^0——全部荷载作用下构件跨中的挠度实测值（mm）

ψ——用等效集中荷载代替实际的均布荷载进行试验时的加载图式修正系数，如表 3-2 所示；

a_q^0——外加试验荷载作用下构件跨中的挠度实测值（mm）；

v_m^0——外加试验荷载作用下构件跨中的位移实测值（mm）；

v_1^0——外加试验荷载作用下构件左、右蹊支座沉陷位移的实测值（mm）。

表 3-2　加载方式修正系数 ψ

名称	加载图式	修正系数
均布荷载 1/4		1.0

（续表）

名称	加载图式	修正系数
二集中力四分点等效荷载	1.1 1.0 1.1	0.91
二集中力三分点等效荷载	1.0 1.0 1.0	0.98
四集中力八分点等效荷载		0.97
八集中力十六分点等效荷载		1.0

预制构件的挠度应按下列规定进行检验：

当按规定的挠度允许值进行检验时，应符合下列公式的要求：

$$a_s^0 \leqslant [a_s] \qquad (3-7)$$

式中，a_s^0——在荷载标准值下的构件挠度实测值；

$[a_s]$ ——挠度检验允许值，见图集结构性能检验参数表。

当按构件实配钢筋时行挠度检验或仅检验构件的挠度、抗裂或裂缝宽度时，应符合下列公式的要求：

$$a_s^c \leqslant 1.2a_s^c \qquad (3-8)$$

式中，a_s^c——在检验荷载标准值下的构件挠度计算值，见图集结构性能检验参数表。

3.4.2 抗裂试验与裂缝量测的试验结果整理

（1）结构试验中裂缝的观测应符合下列规定：

①观察裂缝出现可采用精度为 0.05 mm 的裂缝观测仪等仪器进行观测。

②对正截面裂缝，应量测受拉立筋处的最大裂缝宽度。

③确定构件受拉主筋处的裂缝宽度时，应在构件侧面量测。

（2）预制构件的抗裂检验应符合下列公式的要求：

$$\gamma_{cr}^0 \geqslant [\gamma_{cr}] \qquad (3-9)$$

式中，γ_{cr}^0——构件的抗裂检验系数测值，即试件的开裂荷载实测值与检验荷载标准值（均包括自重）的比值；

$[\gamma_{cr}]$ ——构件的抗裂检验系数测值，见图集结构性能检验参数表。

（3）预制构件的裂缝宽度检验

预制构件的裂缝宽度检验应符合下列公式的要求：

$$w_{s,max}^0 \leqslant [W_{max}] \qquad (3-10)$$

式中，$w_{s,max}^0$——要检验荷载标准值下，受拉主筋处的最大裂缝宽度实测值（mm）；

$[W_{max}]$ ——构件检验的最大裂缝宽度允许值（mm），如表 3-3 所示。

表 3-3 构件检验的最大裂缝宽度允许值/mm

设计要求的最大裂缝宽度限值	0.2	0.3	0.4
$[W_{max}]$	0.15	0.20	0.25

3.4.3 承载力试验结果整理

预制构件承载力应按下列规定进行检验：

$$\gamma_u^0 \geqslant \gamma_0 \ [\gamma_u] \tag{3-11}$$

式中，γ_u^0——构件的承载力检验系数实测值，即试件的荷载实测值与荷载设计值（均包括自重）比值；

γ_0——结构重要性系数，按设计要求确定，当无专门要求时取 1.0；

$[\gamma_0]$ ——构件的承载力检验系数允许值，如表 3-1 所示。

3.4.4 结构性能检验结果的判定

（1）当试件结构性能的全部检验结果均符合上述要求时，该批构件的结构性能应通过验收。

（2）当试件结构性能的全部检验结果不能符合上述要求，但其挠度检测值未超过允许值的 1.10 倍时，对承载力及抗裂检验系数已超过要求的 95 %，在这种情况下可进行第二次复检。如果被测构件未达到复检要求时，则可直接判定该批构件的结构性能不合格。

（3）在对构件进行第二次检验的要求时，对已抽两个备用试件进行检验。第二次检验的指标的允许值，应取第 2 条和第 3 条规定的允许值减 0.05；对挠度检测值可控制不超过允许值的 1.10 倍。当第二次抽取的两个试件的全部检验结果符合第二次检验的要求时，该批构件的结构性能可通过验收。

（4）当第二次抽取的第一个试件的全部检验结果均已符合挠度、抗裂度（裂缝宽度）和承载力的要求时，可不再对每三个构件进行试验，直接判定该批构件的结构性能合格。

3.4.5 例题

《预应力空心板》（YKB42910）出厂检验结构性能检验加荷方案。

根据《湖北省建筑构件通用图集：预应力混凝土长向空心板》的相关内容，该板的实际尺寸为：长×宽×高=4 100 mm×880 mm×200 mm。

正常使用短期检验荷载值（含自重：2.82 kN/m^2）：11.03 kN/m^2。

承载力检验荷载设计值（含自重：2.82 kN/m^2）：13.78 kN/m^2。

短期挠度计算值（mm）：4.53 mm。

开裂荷载标准值（含自重：2.82 kN/m^2）：9.91 kN/m^2。

各种承载力检验标志所对应的荷载值（含自重：2.82 kN/m^2）。

标志 1：13.78×1.2=16.54 kN/m^2。

标志 2：13.78×1.25=17.23 kN/m^2。

标志 4：13.78×1.35=18.61 kN/m^2。

标志 3、5：13.78×1.5=20.67 kN/m^2。

构件的计算跨度：4 100−100=4 000 mm。

计算宽度：900 mm。

加荷程序：

第 1 级：持荷 10 min。

荷载计算：11.03×20 %−2.82=−0.614 kN/m^2（自重加荷）。

第 2 级：持荷 10 min。

荷载计算：11.03×40 %−2.82=1.592 kN/m^2。

折合整个构件的荷载值为：1.592×4×0.9=5.73 kN/m^2。

第 3 级：持荷 10 min。

荷载计算：11.03×20 %=2.206 kN/m^2。

折合整个构件的荷载值为：2.206×4×0.9=7.94 kN。

第 4 级：持荷 10 min

荷载计算：11.03×20 %=2.206 kN/m^2。

折合整个构件的荷载值为：2.206×4×0.9=7.94 kN。

第 5 级：开裂荷载，持荷 10 min 观察构件的开裂情况。

荷载计算：9.91−（11.03×80 %）=1.086 kN/m^2。

折合整个构件的荷载值为：1.086×4×0.9=3.91 kN。

第 6 级：挠度检验，持荷 30 min 后，检测其挠度值是否超过 4.53 mm。

荷载计算：11.03−9.91=1.12 kN/m^2。

折合整个构件的荷载值为：1.12×4×0.9=4.03 kN。

第 7 级：持荷 10 min。

荷载计算：11.03×10 %=1.103 kN/m^2。

折合整个构件的荷载值为：1.103×4×0.9=3.97 kN。

第 8 级：持荷 10 min。

荷载计算：11.03×10 %=1.103 kN/m^2。

折合整个构件的荷载值为：1.103×4×0.9=3.97 kN。

第 9 级：持荷 10 min。

加荷计算：13.78×1.1−11.03×1.2=1.922 kN/m^2。

折合整个构件的荷载值为：1.922×4×0.9=6.92 kN。

第 10 级：持荷 10 min，破坏标志 1 检验（γ_u=1.20）：

加荷计算：13.78×10 %=1.78 kN/m^2。

折合整个构件的荷载值为：1.378×4×0.9=4.96 kN。

第 11 级：持荷 10 min。

加荷计算：13.78×5 %=0.689 kN/m^2。

折合整个构件的荷载值为：0.689×4×0.9=2.48 kN。

第12级：持荷10 min，破坏标志2检验（γ_u=1.30)：

加荷计算：13.78×5 %=0.689 kN/m^2。

折合整个构件的荷载值为：0.689×4×0.9=2.48 kN。

第13级：持荷10 min，（γ_u=1.35)：

加荷计算：13.78×10 %=1.378 kN/m^2。

折合整个构件的荷载值为：1.378×4×0.9=4.96 kN。

第14级：持荷10 min，破坏标志4检验（γ_u=1.40)：

加荷计算：13.78×5 %=1.378 kN/m^2。

折合整个构件的荷载值为：0.689×4×0.9=2.48 kN。

第15级：持荷10 min，（γ_u=1.45)：

加荷计算：13.78×10 %=1.378 kN/m^2。

折合整个构件的荷载值为：1.378×4×0.9=4.96 kN。

第16级：持荷10 min，破坏标志3检验（γ_u=1.50)：

加荷计算：13.78×5 %=0.689 kN/m^2。

折合整个构件的荷载值为：0.689×4×0.9=2.48 kN。

第17级：持荷10 min，破坏标志5检验（γ_u=1.55)。

加荷计算：13.78×5 %=0.689 kN/m^2。

折合整个构件的荷载值为：0.689×4×0.9=2.48 kN。

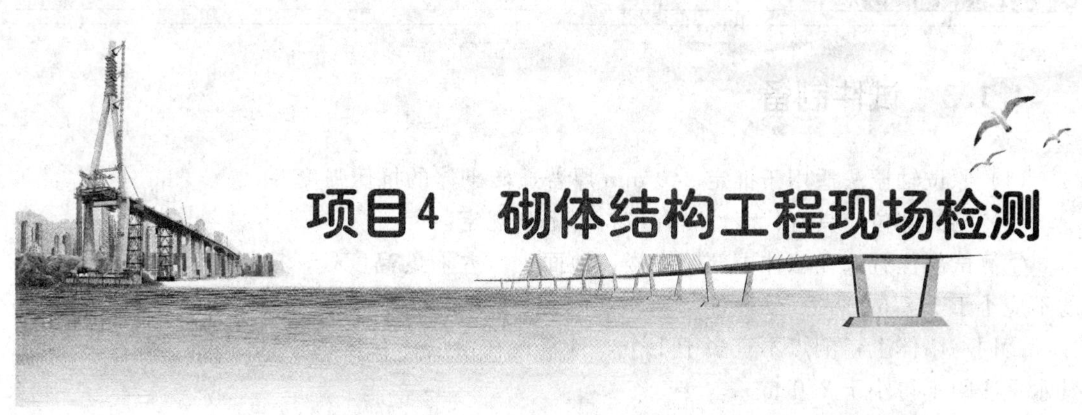

项目4 砌体结构工程现场检测

砌体结构（包括砖混结构）在我国城镇的应用极为广泛。但是，由于砌体结构在施工过程中多为人工砌筑，因此影响的质量因素较多。同时，砌筑用砂浆的质量控制方法和生产工艺与混凝土质量的控制方法和生产工艺相对较为落后，因此，对于砌体结构工程的质量检测越来越引起人们的重视，其检测的方法也在不断发展和更新。

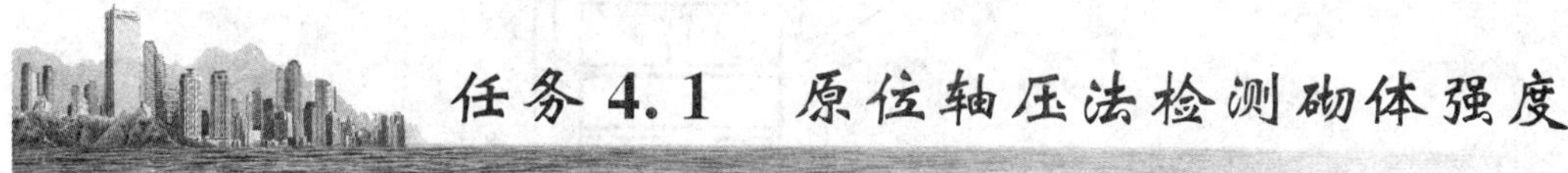

任务4.1 原位轴压法检测砌体强度

4.1.1 方法和原理

原位轴压法检测砌体强度时，应直接对局部墙体施加轴向压力荷载，并使这部分局部墙体的受力达到极限状态，通过实测的破坏荷载和变形，得到墙体的抗压强度。

砌体原位轴心抗压强度测定法是在原始状态下进行检测，砌体不受扰动，所以它可以全面考虑砖材和砂浆变异及建筑质量等对砌体抗压强度的影响，这对结构改建、抗震修复加固、灾害事故分析以及对已建砌体结构的可靠性评估等尤为适用。此外，这种方法以局部破损应力作为砌体强度的推算依据，结果也较为可靠。由于它是一种半破损的试验方法，对砌体所造成的局部损失易于修复。

4.1.2 检测设备

原位轴压法的试验装置为原位压力机，由手动油泵、扁式千斤顶、反力平衡架等组成。测试时，先在砌体测试部位的垂直方向按试样高度上下两端各开凿一个扁式千斤顶尺寸的水平槽，在槽内各嵌入一个扁式千斤顶，并用自平衡拉杆固定。也可用一个加载器，另一个用特制的钢板代替。通过加载系统对试样分级加载，直到试样受压开裂破坏，求得砌体的极限抗压强度。

4.1.3 试件制备

（1）原位轴压法适用于推定 240 mm 厚普通砖砌体的抗压强度。

（2）测试部位应具有代表性，并应符合下列规定：

①测试部位宜选在墙体中部距离楼、地面 1 m 左右的高度处；槽间砌体每侧的墙体宽度不应小于 1.5 m。

②同一墙体上，测点不宜多于 1 个，且宜选在沿墙体长度的中间部位；多于 1 个时，其水平净距不得小于 2.0 m。

③测试部位不得选在挑梁下、应力集中部位以及墙梁的墙体计算高度范围内，如图 4-1所示。

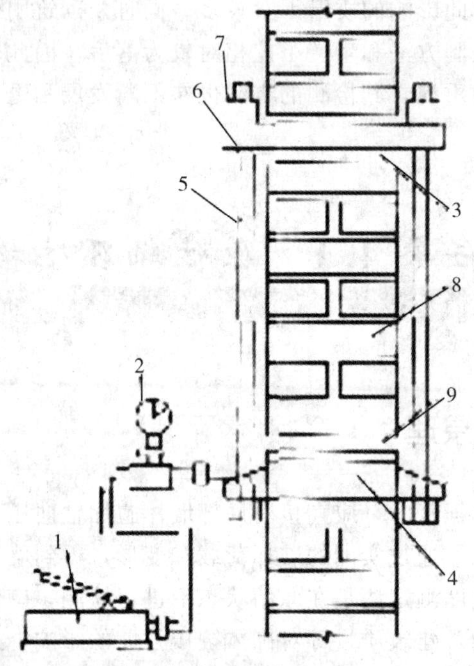

图 4-1　原位轴压仪测试工作状况

1—手动油泵；2—压力表；3—高压油管；4—扁式千斤顶；
5—拉杆（共 4 根）；6—反力板；7—螺母；8—槽间砌体；9—砂垫层

4.1.4 检测步骤

（1）测点选择：测试部位宜选墙体中部距楼板、地面 1 m 左右的高度处；槽间砌体每侧的墙体宽度不应小于 1.5 m；同一墙体上，测点不宜多于 1 个，且宜选在沿墙体长度的中间部位；多于 1 个时，其水平净距不得小于 2 m；测试部位不得选在挑梁下、应力集中部位以及墙梁的墙体计算高度范围内。

（2）开凿水平槽孔：水平槽尺寸如表 4-1 所示。上下水平槽孔应对齐。普通砖砌体其两槽之间应相距 7 皮砖，空心砖砌体相距 5 皮砖。开槽时，应避免扰动四周的砌体；槽间砌体的承压面应平整。

表 4-1　水平槽尺寸

名称	长度/mm	厚度/mm	高度/mm
上水平槽	250	240	70
下水平槽	250	240	≥110

（3）安装原位压力机：安装前，在上槽内的下表面和扁式千斤顶的顶面应分别均匀铺设湿细砂或石膏等材料垫层，垫层厚度可取 10 mm。反力板应置于上槽孔，扁式千斤顶置于下槽孔，并安装 4 根钢拉杆，使两个承压板上下对齐后，拧紧螺母并调整其平行度。4 根钢拉杆的上下螺母间的净距误差不应大于 2 mm。

（4）预加载检测：试加荷载值可取预估破坏荷载的 10 %。检查测试系统的灵活性和可靠性，以及上下压板与砌体受压面接触是否均匀密实。

（5）正式加载试验。每级荷载可取预估破坏荷载的 10 %，并应在 1～1.5 min 内均匀加完，然后恒载 2 min。加载至预估破坏荷载的 80 %后，应按原定加载速度连续加荷，直至槽间砌体破坏。当槽间砌体裂缝急剧扩展和增多，油压表的指针明显回退时，槽间砌体达到极限状态。

检测过程中，若发现上下压板与砌体承压面因接触不良，致使槽间砌体呈局部受压或偏心受压状态时应停止检测。此时应调整检测装置，重新试验。无法调整时，应更换测点。同时，应仔细观察槽间砌体初裂裂缝与裂缝开展情况，记录逐级荷载下的油压表读数、测点位置、裂缝随荷载变化情况简图等。

4.1.5　强度评定

用槽间砌体初裂和破坏时的油压表读数，分别减去油压表的初始读数，按原位压力机的校验结果，计算槽间砌体的初裂荷载值和破坏荷载值。

槽间砌体的抗压强度应按式（4－1）计算：

$$f_{ui,j}=\frac{N_{ui,j}}{A_{i,j}} \tag{4-1}$$

式中，$f_{ui,j}$——第 i 个测区第 j 个测点槽间砌体的抗压强度（MPa）；

$N_{ui,j}$——第 i 个测区第 j 个测点槽间砌体的受压破坏荷载值（N）；

$A_{ui,j}$——第 i 个测区第 j 个测点槽间砌体的受压面积（mm^2）。

槽间砌体抗压强度换算为标准砌体的抗压强度，应按式（4－2）计算：

$$f_{mi,j}=\frac{f_{ui,j}}{\xi_{1i,j}} \tag{4-2}$$

$$\xi_{1i,j}=1.25+0.60\sigma_{0i,j}$$

式中，$f_{mi,j}$——第 i 个测区第 j 个测点的标准砌体抗压强度换算值（MPa）；

$\xi_{1i,j}$——原位轴压法的无量纲强度换算系数；

$\sigma_{0i,j}$——该测点上部墙体的压应力（MPa），其值可按墙体实际所承受的荷载标准值计算。

测区的砌体抗压强度平均值应按式（4—3）计算：

$$f_{\mathrm{mi}}=\frac{1}{n}\sum_{j=1}^{n}f_{\mathrm{mi,j}} \tag{4—3}$$

式中，f_{mi}——第 i 个测区的砌体抗压强度平均值（MPa）；

n——测区的测点数。

任务4.2 回弹法检测砌体砂浆强度

4.2.1 方法和原理

回弹法是一种非破损检测砌筑砂浆强度的方法，它用弹簧驱动的重锤，通过弹击杆（传动杆）弹击砂浆表面，并测出重锤被反弹回来的距离，以回弹值（重锤被反弹回来的距离与弹簧初始长度之比）作为与强度相关的指标来推定砌筑砂浆强度。其实质是通过检测砌筑砂浆的表面硬度来推定砂浆的抗压强度。此检测方法的优势包括：仪器操作简单，性能稳定可靠；检测步骤简便，检测技术易掌握；影响检测精度的因素相对较少，砌筑砂浆的回弹值与砂浆的抗压强度之间相关性好，易于建立测强相关曲线；检测不受构件形状、大小等条件限制，迅速、灵活，特别适用于量大面广现场砂浆强度检测。

4.2.2 检测设备

砂浆回弹仪技术性能指标，如表 4-2 所示。

表 4-2 砂浆回弹仪技术性能指标

项目	指标	项目	指标
冲击动能/J	0.196	弹球面曲率半径/mm	25
弹击锤冲程/mm	75	在钢砧上率定平均回弹值/R	74±2
指针滑块的静摩擦力/N	0.5±0.1	外形尺寸/mm	ϕ60×280

4.2.3 检测步骤

（1）测位处的粉刷层、勾缝砂浆、污物等应清除干净；弹击点处的砂浆表面，应仔细打磨平整，并除去浮灰。

（2）每个测位内均匀布置 12 个弹击点。选定弹击点应避开砖的边缘、气孔或松动的砂浆。相邻两弹击点的间距不应小于 20 mm。

（3）在每个弹击点上，使用回弹仪连续弹击 3 次，第 1、2 次不读数，仅记读第 3 次回弹值，精确至 1 个刻度。测试过程中，回弹仪应始终处于水平状态，其轴线应垂直于砂浆表面，且不得移位。

（4）在每一测位内，选择 1～3 处灰缝，用游标尺和 1 %的酚酞试剂测量砂浆碳化深度，读数应精确至 0.5 mm。

4.2.4　强度评定

从每个测位的 12 个回弹值中，分别剔除最大值、最小值，将余下的 10 个回弹值计算算术平均值，以 R 表示。每个测位的平均碳化深度，应取该测位各次测量值的算术平均值，以 d 表示，精确至 0.5 mm。平均碳化深度大于 3 mm 时，取 3.0 mm。

第 i 个测区的第 j 个测位的砂浆强度换算值，应根据该测位的平均回弹值和平均碳化深度值，分别按下列公式计算：

当 $d \leqslant 1.0$ mm 时：

$$f_{2ij} = 13.97 \times 10^{-5} R^{3.57} \tag{4-4}$$

$1.0 \text{ mm} < d < 3.0$ mm 时：

$$f_{2ij} = 4.85 \times 10^{-4} R^{3.04} \tag{4-5}$$

$d \geqslant 3.0$ mm 时：

$$f_{2ij} = 6.34 \times 10^{-5} R^{3.60} \tag{4-6}$$

式中，f_{2ij}——第 i 个测区第 j 个测位的砂浆强度值（MPa）；

d——第 i 个测区第 j 个测位的平均碳化深度（mm）；

R——第 i 个测区第 j 个测位的平均回弹值。

测区的砂浆抗压强度平均值，应按式（4－7）计算：

$$f_{2i} = \frac{1}{n_1} \sum_{j=1}^{n_1} f_{2ij} \tag{4-7}$$

任务 4.3　贯入法检测砌体砂浆强度

4.3.1　方法和原理

采用压缩工作弹簧加荷，把一测钉贯入砂浆中，由测钉的贯入深度和砂浆抗压强度间的关系（测强曲线）来换算出砂浆抗压强度的检测方法。

4.3.2 检测设备

贯入仪、贯入深度测量表。

技术指标：贯入仪、贯入深度测量表应每年至少校准一次。贯入仪应满足：贯入力应为（800±8）N、工作行程应为（20±0.10）mm；贯入深度测量表应满足：最大量程应为（20±0.02）mm、分度值应为 0.01 mm。测钉长度应为（40±0.10）mm，直径应为 3.5 mm，尖端锥度应为 45°。测钉量规的量规槽长度应为（39.50±0.10）mm，贯入仪使用时的环境温度应为－4～40 ℃。

4.3.3 试样制备

贯入法适用于检测自然养护、龄期为 28 d 或 28 d 以上、自然风干状态、强度为 0.4～16.0 MPa 的砌筑砂浆。

检测砌筑砂浆抗压强度时，以面积不大于 $25m^2$ 的砌体为一个构件。被检测灰缝应饱满，其厚度不应小于 7 mm 并应避开竖缝位置、门窗洞口、后砌洞口和预埋件的边缘。多孔砖砌体和空斗墙砌体的水平灰缝深度应大于 30 mm。每一构件应测试 16 点。测点应均匀分布在构件的水平灰缝上，相邻测点水平间距不宜小于 240 mm，每条灰缝测点不宜多于 2 点。

检测范围内的饰面层、粉刷层、勾缝砂浆、浮浆以及表面损伤层等，应清除干净；应使待测灰缝砂浆暴露并经打磨平整后再进行检测。

4.3.4 检测步骤

（1）试验前先清除测钉上附着的水泥灰渣等杂物，同时用测钉量规检验测钉的长度；如测钉能够通过测钉量规槽时，应重新选用新的测钉。

（2）将测钉插入贯入杆的测钉座中，测钉尖端朝外，固定好测钉；用摇柄旋紧螺母，直至挂钩挂上为止，然后将螺母退至贯入杆顶端；将贯入仪扁头对准灰缝中间，并垂直贴在被测砌体灰缝砂浆的表面，握住贯入仪把手，扳动扳机，将测钉贯入被测砂浆中。当测点处的灰缝砂浆存在空洞或测孔周围砂浆不完整时，该测点应作废，另选测点补测。

（3）贯入深度的测量应按下列程序操作：将测钉拔出，用吹风器将测孔中的粉尘吹干净；将贯入深度测量表扁头对准灰缝，同时将测头插入测孔中，并保持测量表垂直于被测砌体灰缝砂浆的表面，从表盘中直接读取测量表显示值 d'，贯入深度应按式（4－8）计算：

$$d_i = 20.00 - d'_i \tag{4-8}$$

式中，d_i——第 i 个测点贯入深度测量表读数，精确至 0.01 mm；

d'_i——第 i 个测点贯入深度值，精确至 0.01 mm。

（4）直接读数不方便时，可用锁紧螺钉锁定测头，然后取下贯入度测量表读数。

(5) 当砌体的灰缝经打磨仍难以达到平整时，可在测点处标记，贯入检测前用贯入深度测量表测读测点处的砂浆表面不平整度读数 d_i^0，然后再在测点处进行贯入检测，读取 d'_i，则贯入深度取 $d_i^0-d'_i$。

4.3.5 强度评定

检测数值中，应将 16 个贯入深度值中的 3 个较大值和 3 个较小值剔除，余下的 10 个贯入深度值取平均值。根据计算所得的构件贯入深度平均值，按不同的砂浆品种由《贯入法检测砌筑砂浆抗压强度技术规程》(JGJ/T 136－2001 附录 D) 查得其砂浆抗压强度换算值。

在采用《贯入法检测砌筑砂浆抗压强度技术规程》(JGJ/T 136－2001 附录 D) 的砂浆抗压强度换算表时，应首先进行检测误差验证试验，试验方法可按规程附录 D 的要求进行，试验数量和范围应按检测的对象确定，其检测误差应满足规程第 10 条的规定，否则应按规程附录 D 的要求建立专用测强曲线。

(1) 每一检测单元的强度平均值、标准差和变异系数，应分别按下列公式计算：

$$\mu_f=\frac{1}{n_2}\sum_{j=1}^{n_2}f_i \tag{4-9}$$

$$s=\sqrt{\frac{\sum_{i=1}^{n_2}(\mu_f-f_i)^2}{n_2-1}} \tag{4-10}$$

$$\delta=\frac{s}{\mu_f} \tag{4-11}$$

式中，μ_f——同一检测单元的强度平均值 (MPa)。当检测砂浆抗压强度时，μ_f 即为 $f_{2,m}$；当检测砌体抗压强度时，μ_f 即为 f_m；当检测砌体抗剪强度时 μ_f 即为 f_{vm}；

n_2——同一检测单元的测区数；

f_i——测区的强度代表值 (MPa)。当检测砂浆抗压强度时，f_2 即为 f_{2i}；当检测砌体抗压强度时，f_i 即为 f_{mi}；当检测砌体抗剪强度时，f_i 即为 f_v；

s——同一检测单元，按 n_2 个测区计算的强度标准差 (MPa)；

δ——同一检测单元的强度变异系数。

(2) 砌筑砂浆抗压强度等级推定。

①当测区数 n_2 不少于 6 时：

$$f_{2,m}>f_2 \tag{4-12}$$

$$f_{2,\min}>0.75f_2 \tag{4-13}$$

式中，$f_{2,m}$——同一检测单元，按测区统计的砂浆抗压强度平均值 (Mpa)；

f_2——砂浆推定强度等级所对应的立方体抗压强度值 (MPa)；

$f_{2,\min}$——同一检测单元，测区砂浆抗压强度的最小值 (MPa)。

②当测区数 n_2 小于 6 时：

$$f_{2,\min}>f_2 \tag{4-14}$$

③当检测结果的变异系数大于 0.35 时，应检查检测结果离散性较大的原因，若系检

测单元不当，应重新划分，并可增加测区数进行补测，然后重新推定。

(3) 结果的判定。对于贯入法检测砌体的砂浆强度，其结果的判定，应符合下列要求：

①当按单个构件检测时，该构件的砌筑砂浆抗压强度推定值等于该构件的砂浆抗压强度换算值。

②当按批抽检时，应按下列公式计算：

$$f^c_{2,e1} = m^c_{f_2} \tag{4-15}$$

$$f^c_{2,e2} = \frac{f^c_{2,\min}}{0.75} \tag{4-16}$$

式中，$f^c_{2,e1}$——砂浆抗压强度推定值之一，精确至 0.1 MPa；

$f^c_{2,e2}$——砂浆抗压强度推定值之二，精确至 0.1 MPa；

$m^c_{f_2}$——同批构件砂浆抗压强度换算值的平均值，精确至 0.1 MPa；

$f^c_{2,\min}$——同批构件中砂浆抗压强度换算值的最小值，精确至 0.1 MPa。

取式 (4－15) 和式 (4－16) 中的较小值作为该批构件的砌筑砂浆抗压强度推定值 $f^c_{2,i}$。

③对于按批抽检的砌体，当该批构件砌筑砂浆抗压强度换算值变异系数不小于 0.3 时，则该批构件应全部按单个构件检测。

练习题

1. 选择题

(1) 原味轴压法适用于推定________mm 厚的普通砖砌体或多孔砖砌体的抗压强度。

A. 120　　B. 180　　C. 240　　D. 300

(2) 用贯入法检测时，多孔砖砌体和空斗墙砌体的水平灰缝深度应大于(　　)

A. 10 mm　　B. 20 mm　　C. 30 mm　　D. 50 mm

2. 填空题

(1) 砌体工程的现场检测主要是检测________、________、________。

(2)《回弹法检测砌筑砂浆强度技术规程》(DBJ14－030－2004)，同一检测批是指相同的生产条件下，同________、________、原材料、________、________、________基本一致、龄期相近，且总量不大于________砌体的同类砌筑砂浆。

(3) 要求：根据相关规范，采用原位轴压法检测试验用砌体结构强度，将试验记录的数据填入下表，并编制检测报告

×××检测单位

原位轴压法检测砖砌体抗压强度记录表

工程名称：　　　　　　　　No：　　　　　　　　第　页共　页

仪器名称及编号		砂浆种类及设计强度等级		施工日期	
检定证书号		砖种类及设计强度等级		检测日期	

序号	层次及构件轴线编号	试件尺寸：长×宽×高/mm	抗压面积/mm²	初裂荷载/kN	极限荷载/kN	槽间抗压强度/MPa	抗压强度平均值/MPa	标准差/MPa	变异系数/MPa	砌体抗压强度标准值/MPa	备注
1											
2											
3											
4											
5											
6											

校核：　　　　　　　　检测：

项目5 构件钢筋间距和保护层厚度检测技术

混凝土构件钢筋间距和保护层厚度是指混凝土表面与钢筋表面间的最小距离。为保证钢筋混凝土构件中钢筋握裹质量，充分发挥构件的承载能力，同时保证混凝土构件内部钢筋不受到外界不良介质的影响而发生锈蚀，保证工程的耐久性，我国的技术规范中对各类构件的保护层厚度均提出了明确的要求，同时统计构件钢筋间距和保护层厚度的检测数据，也是我们日常检测工作的一项主要内容。

任务 构件钢筋间距和保护层厚度检测技术

5.1.1 基本要求及规定

对于构件钢筋间距和保护层厚度的现场检测，要结合被测构件的受力特性、测试条件，综合确定检测的具体部位和检测构件的数量。在实施现场检测前，要注意查看工程的技术资料、受检测方法的限制，对于含有铁磁性原材料混凝土构件的检测，检测结果应用多种方法进行验证。

测试部位（取样方法）的一般规定如下：

(1) 钢筋保护层厚度检验的结构部位，一般应由监理（建设）、施工等各方根据结构构件的重要性共同选定。在特殊情况下，可由委托方和检测单位结合工程实际情况共同选定。

(2) 对梁类、板类构件，应各抽取构件总数的 2 %且总数不少于 5 个构件进行检验。当有悬挑构件时，其中悬挑构件所占比例不宜小于 50 %。重点抽测梁、板钢筋受拉部位，且分布于各层。

(3) 对选定的梁类构件，应对全部纵向受力钢筋的保护层厚度进行检验；对选定的板类构件，应抽取不少于 6 根纵向受力钢筋的保护层厚度进行检验；对每根钢筋，应在有代表性的部位测量 1 个点。

(4) 对悬挑梁、板构件，测受拉钢筋的保护层时应清除混凝土表面的杂物，并用磨石将表面浮浆等不平整处打平。

5.1.2　方法原理

常见的检验钢筋混凝土保护层的测试方法有非破损法（电磁感应法、雷达仪检测法）和局部破损检测法两种。此外，也可采用非破损的方法并用局部破损方法进行修正。混凝土构件的原材料在电流的作用下，检测仪器内由单个或多个线圈组成的探头产生电磁场。当钢筋或其他金属物体位于该电磁场时，金属所产生的干扰导致磁力线发生变形、电磁场强度的分布改变，这种变化通过探头（传感器）探测到并重新转变为电流信号，根据电流的变化情况来确定被测钢筋所处的位置，即钢筋保护层厚度的测量。另外，如果对所检测的钢筋尺寸和材料进行适当地标定，该方法也可以用于检测钢筋的直径（一般测试结果需进行验证）。

5.1.3　检测设备

钢筋直径/保护层厚度测试仪。

5.1.4　检测步骤

(1) 设备调零。仪器在检测前应进行预热或调零，调零时探头必须远离金属物体。在检测过程中，应经常检查仪器是否偏离初始状态，并及时进行调零。

(2) 检测时，应先对被测钢筋进行初步定位。将探头有规律地在检测面上移动，直至仪器显示接收信号最强或保护层厚度值最小时，结合设计资料判断钢筋位置。此时，探头中心线与钢筋轴线基本重合，在相应位置做好标记。按上述步骤将相邻的其他钢筋逐一标出。

(3) 设定好仪器量程范围及钢筋直径，沿被测钢筋轴线选择相邻钢筋影响较小的位置，并应避开钢筋接头，读取指示保护层厚度值。每根钢筋的同一位置重复检测 2 次，每次读取 1 个读数。

(4) 对同一处读取的 2 个保护层厚度值相差大于 1 mm 时，应检查仪器是否偏离标准状态并及时调整（如重新调零）。不论仪器是否调整，其前次检测数据均舍弃，在该处重新进行 2 次检测并再次比较。若 2 个保护层厚度值相差仍大于 1 mm，应该更换检测仪器，或采用钻孔、剔凿的方法核实。

(5) 当实际保护层厚度值小于仪器最小示值时，可以采用附加垫块的方法进行检测。宜优先选用仪器所附的垫块，自制垫块对仪器不应产生电磁干扰，表面光滑平整，其各方向厚度值偏差不大于 0.1 mm。所加垫块厚度在计算时应予扣除。

(6) 检测钢筋间距时，应将连续相邻的被测钢筋一一标出，不得遗漏，并不宜少于 7 根钢筋，然后测量第一根钢筋和最后一根钢筋的轴线距离，并计算其间隔数。

5.1.5　注意事项

(1) 当钢筋混凝土保护层厚度与钢筋直径比值小于 2.5 且混凝土保护层厚度小于50 mm 时，测试误差不应大于±1 mm，其他情况下不应大于±5 %。

(2) 当遇到下列情况之一时，应选取至少 30 %的已测钢筋且不应小于 6 处（当实际检测数量不到 6 处时，应全部抽取），采用钻孔、剔凿等方法验证：仪器要求已知钢筋直径方能确定保护层厚度，而钢筋实际直径未知或有异议；钢筋实际根数、位置与设计有较大偏差；构件饰面层未清除的情况下检测钢筋保护层厚度；钢筋以及混凝土材质与校准试件有显著差异。

(3) 钻孔、剔凿的时候不得损坏钢筋，实测采用游标卡尺，量测精度为 0.1 mm。

实训任务总结

完成本项目实训任务（见下表）。

实训任务总结评定单任务

<table>
<tr><td>班级</td><td></td><td>学号</td><td></td><td>姓名</td><td></td><td rowspan="2">成绩</td></tr>
<tr><td>周次</td><td></td><td>实训日期</td><td></td><td>组别</td><td></td></tr>
<tr><td colspan="7">1. 目的与要求</td></tr>
<tr><td colspan="7">2. 任务内容简述</td></tr>
<tr><td rowspan="3">3. 课题
报告
内容</td><td colspan="6">(1) 相关理论知识</td></tr>
<tr><td colspan="6">(2) 相关实践、安全知识</td></tr>
<tr><td colspan="6">(3) 项目实施工程中的重点问题及解决情况</td></tr>
<tr><td>实训项点</td><td colspan="5">标准要求</td><td>教师评价</td></tr>
<tr><td>1</td><td colspan="5">遵守课堂纪律，认真听讲解</td><td></td></tr>
<tr><td>2</td><td colspan="5">练习认真，态度积极，相互指导帮助</td><td></td></tr>
<tr><td>3</td><td colspan="5">按要求着装，并了解彼此着装的目的</td><td></td></tr>
<tr><td colspan="7">教师评语</td></tr>
</table>

项目6 后置埋件的力学性能检测技术

后置埋件是指通过相关技术手段，在既有混凝土结构上安装的锚固件。其中涉及三种客体：结构基材、锚固件和被连接体。后锚固技术施工简单、使用灵活，既可用于加固改造工程，也可用于新建建筑物，特别是近几年许多既有建筑需要进行加固，或是被赋予了新的功能需要进行改造，或是在原建筑物上添加新的建筑，使该项技术得以更加广泛地应用于工程之中。但由于其受力状态复杂、破坏类型较多、失效概率较大等因素，致使其作用性能的安全可靠成为广大工程界最为关心的核心问题。

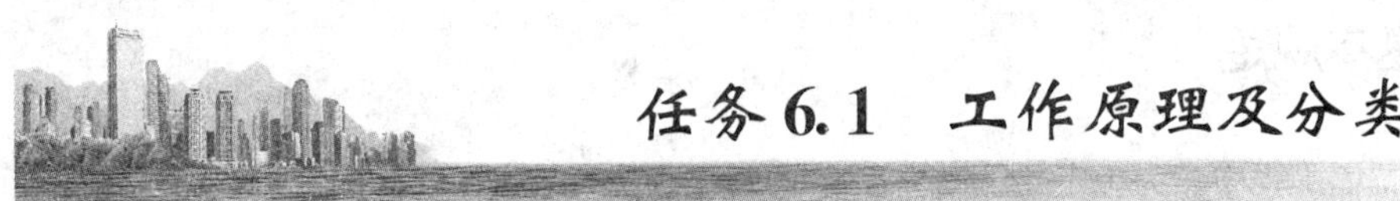

任务6.1 工作原理及分类

6.1.1 后置埋件的工作原理

后置埋件工作的可靠性主要取决于两个方面：一是锚固件本身的质量；二是后埋置技术。后置埋件作用原理可以分为机械锁定嵌固结合（凸形结合）、摩擦结合和材料结合三种。凸形结合时，荷载通过锚栓与锚固基础间的机构啮合来传递。此类结合的钻孔须专门与锚栓匹配的钻头进行拓孔，锚栓在拓孔部分与锚固基础形成凸形结合，通过啮合将荷载传给锚固基底。此类锚栓在混凝土结构中具有良好的抗震、抗冲击性能，可以在混凝土受拉区中使用。膨胀式锚栓的作用原理属摩擦结合，膨胀片张开后，使锚栓与孔壁间产生摩阻力。膨胀力可由两种途径产生：扭矩控制和位移控制。扭矩控制是用力矩扳手达到规定的安装扭矩后，膨胀片张开；位移控制是把扩充锥体敲击入膨胀套管内，达到规定的打入行程后，膨胀片张开。第三种是材料结合，即通过胶合体将荷载传给锚固基础，如当今广泛应用的植筋技术。

6.1.2 后置埋件的分类

后置埋件可以简单分为两大类：植筋和使用锚栓锚固。

1. 锚栓的分类

锚栓可分为机械锚栓和黏结型锚栓，按受力锚栓的个数可分为单锚、双锚及群锚。

锚栓按工作原理以及构造的不同可分为膨胀型锚栓（按照形成膨胀力来源分为扭矩控制式和位移控制式）、扩孔型锚栓（按照扩孔方式可分为自扩孔和预扩孔）、化学植筋以及长螺杆等。

（1）膨胀型锚栓：利用膨胀件挤压锚孔孔壁形成锚固作用的锚栓。

（2）扩孔型锚栓：通过锚孔底部扩孔与锚栓膨胀件之间的销键形成锚固作用的锚栓。

2. 化学植筋

化学植筋是以化学胶粘剂——锚固胶，将带肋钢筋及长螺杆等胶结固定于混凝土基材锚孔中的一种后锚固生根钢筋。

任务6.2 检测基本规定

6.2.1 基本规定

在混凝土后锚固工程中，为确定建筑锚栓在承载能力极限状态和正常使用极限状态下的抗拔和抗剪性能，保证建筑锚栓的施工质量和相关建筑物的安全使用，必须进行建筑锚栓抗拔力和抗剪性能的现场抽样检测。

锚栓抗拔承载力现场检验可分为非破坏性检验和破坏性检验。对于一般结构及非结构构件，可采用非破坏性检验；对于重要结构构件及生命线工程非结构构件，应采用破坏性检验。但必须注意做破坏性试验时应选择修补容易、受力较小的次要部位。

6.2.2 检测依据

《混凝土结构后锚固技术规程》（JGJ145—2013）。

《混凝土结构设计规范》（GB50010—2010）。

《混凝土用膨胀型、扩孔型建筑锚栓》（JG160—2004）。

6.2.3 试验装置

现场检验用的主要有拉拔仪、电子荷载位移测量仪和计算机等，包括检测和记录设备。

（1）测力系统应符合以下要求：

①最大试验荷载应为压力表和千斤顶量程的20％～80％，压力表精度应优于或等于0.4级。

②加荷设备应能按规定的速度加荷，测力系统整机误差不应超过全量程的±2 %。

③试验装置应有足够大的刚度，试验中不易变形。抗拔试验时，应保持施加的荷载与建筑锚栓轴线或与群锚合力线重合；抗剪试验时，应保持施加的荷载与建筑锚栓轴线相垂直。

④仪器、设备安装位置应不影响位移测试，并位于试件变形和破坏影响范围以外的区域。

⑤测力系统应具有峰值保持的功能。

(2) 当后锚固设计中对锚栓或化学植筋的位移有规定时需对位移进行测量，对于位移的测量应满足下列要求：

①位移测量可采用位移传感器或百分表，位移测量误差不应超过 0.02 mm。

②位移基准点应位于锚栓破坏影响范围以外。抗拔试验时，至少应对称于建筑锚栓轴线，布设两个位移基准点；抗剪试验时，位移基准点应布设于沿剪切荷载的作用方向。

③测量方法有两种：连续测量和分阶段测量；位移测量记录仪应能连续记录。当不能连续记录荷载位移曲线时，可分阶段记录，在到达荷载峰值前，记录点应在 10 点以上。

(3) 加载架支点至建筑锚栓轴心的距离不应小于表 6-1 的规定，位移测量基准点应位于加载架外侧区域，且与加载架支点的间距应不小于 10 cm。

(4) 加荷设备支承环内径 D_0 应满足下述要求：化学植筋 D_0 不小于max (12 d,250 mm)，膨胀型锚栓和扩孔型锚栓 D_0 不小于 4 h_{ef}，承环过小会导致破坏形态发生变化，限制混凝土锥体破坏直径，并有可能导致出现锚栓受拉破坏，使测量结果变大。

加载架支点至建筑锚栓轴心最小距离要求，如表 6-1 所示。

表 6-1　加载架支点至建筑锚栓轴心最小距离要求

试验类型		加载架支点至建筑锚栓轴心距离
抗　拔	机械锚栓	2.0 h_{ef}
	黏结型锚栓、植筋和植螺杆	0.5 h_{ef}
抗　剪		2.0 c_1

6.2.4　适用范围及条件

现场检测所选用的建筑锚栓应符合以下规定：

(1) 安全等级为一级的后锚固构件。

(2) 悬挑结构和构件。

(3) 对后锚固设计参数有疑问。

(4) 对该工程锚固质量有怀疑。

(5) 受现场条件限制无法进行原位破坏性检验时，可在工程施工的同时，现场浇筑同条件的混凝土块体作为基材安装锚固件，并应按规定的时间进行破坏性检验，且应事先征得设计和监理单位的书面同意，并在现场见证试验。

(6) 受检的建筑锚栓可采用随机抽样的方法取样。随机取样方法很多，包括一次随机取样法、二次随机取样法、机械随机取样法。

后锚固件应进行抗拔承载力现场非破损检验，满足上述条件 (1) ～ (5) 之一时还应进行破坏性检验。

6.2.5 抽样规则

锚固质量现场检验抽样时，应以同品种、同规格、同强度等级的锚固件安装于锚固部位基本相同的同类构件为一检验批，并应从每一检验批所含的锚固件中进行抽样。

现场破坏性检验宜选择锚固区以外的同条件位置，应取每一检验批锚固件总数的 0.1 %且不少于 5 件进行检验。锚固件为植筋且数量不超过 100 件时，可取 3 件进行检验。

现场非破损检验的抽样数量，应符合下列规定：

1. 锚栓锚固质量的非破损检验

(1) 对重要结构构件及生命线工程的非结构构件，应按表 6-2 规定的抽样数量对该检验批的锚栓进行检验。

表 6-2 重要结构构件及生命线工程的非结构构件锚栓锚固质量非破损检验抽样

检验批的锚栓总数	≤100	500	1 000	2 500	≥5 000
按检验批锚栓总数计算的最小抽样量	20 %且不少于 5 件	10 %	7 %	4 %	3 %

(2) 对一般结构构件，应取重要结构构件抽样量的 50 %且总量不少于 5 件进行检验。

(3) 对非生命线工程的非结构构件，应取每一检验批锚固件总数的 0.1 %且不少于 5 件进行检验。

2. 植筋锚固质量的非破损检验

(1) 对重要结构构件及生命线工程的非结构构件，应取每一检验批植筋总数的 3 %且不少于 5 件进行检验。

(2) 对一般结构构件，应取每一检验批植筋总数的 1 %且不少于 3 件进行检验。

(3) 对非生命线工程的非结构构件，应取每一检验批锚固件总数的 0.1 %且不少于 3 件进行检验。

3. 胶粘的锚固件检验

胶粘的锚固件，其检验宜在锚固胶达到其产品说明书标示的固化时间的当天进行。若因故需推迟抽样与检验日期，除应征得监理单位同意外，推迟日期不应超过 3 d。

任务 6.3　检验方法

6.3.1　试验前的准备工作

(1) 试验前应检测试验装置，使各部件均处于正常状态。

(2) 位移测量仪应安装在锚栓、植筋或植螺杆根部，位移值的计算应减去锚栓、植筋或植螺杆的变形量。

(3) 群锚试验时加载板的安装应确保每一锚栓的承载比例与设计要求相符。

(4) 抗拔试验装置应紧固于结构部位，并保证施加的荷载直接传递至试件，且荷载作用线应与试件轴线垂直；剪切板的厚度应不小于试件的直径；剪切板的孔径应比试件直径大 (1.5±0.75) mm，且边缘应倒角磨圆。

(5) 建筑锚栓抗剪试验时，应在剪切板与结构表面之间放置最大厚度为 2.0 mm 的平滑的垫片(如聚四氟乙烯)，以使锚栓直接承受剪力。

(6) 若试验过程中出现试验装置倾斜、结构基材边缘开裂等异常情况时，应将该试验值舍去并另行选择一个试件重新试验。

6.3.2　检测条件

(1) 在工程现场外进行试验时，试件及相关条件应与工程中采用的建筑锚栓的类型、规格型号、基材强度等级、施工工艺和环境条件等相同。

(2) 在工程现场检测时，当现场操作环境不符合仪器设备的使用要求时，应采取有效的防护措施。

(3) 基材强度和结构胶的强度，应达到规定的设计强度等级。

(4) 试件的环境温度和湿度应与给定锚固系统的参数要求相适应。

(5) 试验需要等到混凝土以及锚固胶到达规定的龄期，否则，不宜试验或需要在报告中注明。

6.3.3　最大试验荷载的确定

对于确定建筑锚栓的抗拔和抗剪极限承载力的试验，应进行破坏性试验，即加载至建筑锚栓出现破坏形态；对于建筑锚栓的抗拔和抗剪性能的工程验收性试验，应进行非破坏性试验。若以钢材破坏作为建筑锚栓设计时采用的破坏类型，最大试验荷载不应大于式 (6－1)和式 (6－2) 的计算值。

$$N_{max}=0.9f_{yk}A_s \qquad (6-1)$$

$$V_{max}=0.45f_{s\,tk}A_s \tag{6-2}$$

式中，N_{max}——最大拉拔试验荷载；

V_{max}——最大剪切试验荷载；

f_{yk}——锚杆或钢筋强度标准值；

$f_{s\,tk}$——锚杆或钢筋极限抗拉强度；

A_s——锚杆或钢筋截面面积。

按照建筑锚栓设计时采用的破坏类型，最大试验荷载应按式（6—3）确定，且最大拉拔试验荷载和最大剪切试验荷载分布不应大于式（6—1）和式（6—2）所确定的荷载值。

$$F_{max}=\gamma_a\gamma_u R_{Rd} \tag{6-3}$$

式中，F_{max}——最大试验荷载；

R_{Rd}——承载力设计值；

γ_a——锚固承载力分项系数，应按表6—3采用，当有充分试验依据和可靠使用经验，并经国家指定的职能机构技术认证许可后，其值可作适当调整；

γ_u——锚固重要性系数。

锚固承载力分项系数 γ_a，如表6-3所示。

表6-3　锚固承载力分项系数 γ_a

项次	符号	被连接结构类型锚固破坏类型	结构构件	非结构构件
1	$\gamma_{Rc,N}$	混凝土锥体受拉破坏	3.0	1.8
2	$\gamma_{Rc,V}$	混凝土楔形体受剪破坏	2.5	1.5
3	γ_{Rp}	混合破坏	3.0	1.8
4	γ_{Rsp}	混凝土劈裂破坏	3.0	1.8
5	γ_{Rcp}	混凝土剪撬破坏	2.5	1.5
6	$\gamma_{Rc,N}$	锚栓钢材受拉破坏	1.3	1.2
7	$\gamma_{Rs,V}$	锚栓钢材受剪破坏	1.3	1.2

6.3.4　试验的具体过程

1. 加载方法与位移测量

检验锚固拉拔承载力的加载方式可为连续加载或分级加载，可根据实际条件选用。

进行非破损检验时，施加荷载应符合下列规定：

(1) 连续加载时，应以均匀速率在2～3 min时间内加载至设定的检验荷载，并持荷2 min。

(2) 分级加载时，应将设定的检验荷载均分为 10 级，每级持荷 1 min 至设定的检验荷载，并持荷 2 min。

(3) 荷载检验值应取 $0.9f_{yx}$和 $0.84N_{Rk}$，的较小值。N_{Rk}为非钢材破坏承载力标准值。进行破坏性检验时，施加荷载应符合下列规定：

①当需根据锚栓的荷载一位移数据来确定刚度或承载力时，应采用连续加载法；当验证锚栓的承载能力时，上述两种方法均适用。

②当抗拉试验出现装置倾斜、基材边缘劈裂等异常情况，或当抗剪试验出现试验装置或基材损坏等异常时，应做详细记录，并将该试验值舍去，另行选择一个试件进行补测。

2. 终止加载条件

当出现下列情况之一时，可终止加载：

(1) 当试验荷载大于建筑锚栓承载力设计值后，在某级荷载作用下，建筑锚栓的位移量大于前一级荷载作用下位移量的 5 倍。注意：当建筑锚栓位移量小于 1.0 mm 时，应加载至位移量超过1.0 mm。

(2) 在某级荷载作用下，建筑锚栓的总位移量大于 1.0 mm 或设计提出的位移量控制标准。

(3) 建筑锚栓或基体出现裂缝或破坏现象。

(4) 试验设备出现不适于继续承载的状态。

(5) 建筑锚栓拉出或拉断、剪断。

(6) 化学黏结锚栓与基体之间黏结破坏。

(7) 试验荷载达到设计要求的最大加载量。

3. 破坏形态

(1) 机械锚栓的锚固破坏形态分为锚栓破坏、基体破坏和锚栓拔出（穿出）破坏三类。

①锚栓破坏包括锚栓拉断、剪坏或拉剪组合受力破坏。

②混凝土基体破坏包括混凝土锥体受拉破坏、混凝土楔形体受剪破坏、基体边缘破坏及混凝土劈裂破坏等。

③锚栓拔出（穿出）破坏包括拔出破坏和穿出破坏。

(2) 黏结性锚栓、植筋和植螺杆的破坏形态分为钢材破坏、基材破坏和界面破坏三类。

①钢材破坏包括锚杆、螺杆钢筋拉断、剪坏或拉剪组合受力破坏。

②基体破坏包括混凝土锥体受拉破坏、混凝土楔形体受剪破坏、基体边缘破坏及混凝土劈裂破坏。

③界面破坏包括胶混界面破坏和胶筋界面破坏，如图 6-1 所示。

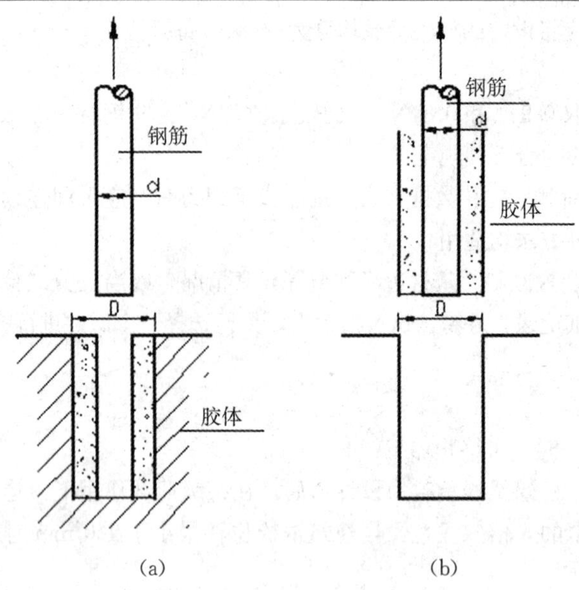

图 6-1　界面破坏形式

(a) 化学植筋沿胶筋面拔出　(b) 化学植筋沿胶混界面拔出

(3) 破坏形式描述。

①混凝土锥体破坏：锚栓受拉时混凝土基材形成以锚栓为中心的倒锥体破坏形式。

②混凝土边缘破坏：基材边缘受剪时形成以锚栓轴为顶点的混凝土楔形体破坏形式。

③拔出破坏：拉力作用下锚栓整体从锚孔中被拉出的破坏形式。

④穿出破坏：拉力作用下锚栓膨胀锥从套筒中被拉出而膨胀套仍留在锚孔中的破坏形式。

⑤剪撬破坏：中心受剪时基材混凝土沿反方向被锚栓撬坏。

⑥劈裂破坏：基材混凝土因锚栓膨胀挤压力而沿锚栓轴线或若干锚栓轴线连线的开裂破坏形式。

⑦胶筋界面破坏：化学植筋或黏结型锚栓受拉时，沿胶粘剂与钢筋界面地拔出破坏形式。

⑧胶混界面破坏：化学植筋受拉时，沿胶粘剂与混凝土孔壁界面地拔出破坏形式。

(4) 破坏类型及影响因素，如表 6-4 所示。

表 6-4　锚栓破坏类型及影响因素

破坏类型	锚栓类型	破坏荷载	影响破坏衙载因素	常发生场合
锚栓或锚筋钢材破坏（拉断破坏、剪切破坏、拉剪破坏等）	膨胀型锚栓 扩孔型锚栓 化学植筋	有塑性变形破坏荷载一般较高、离散性小	锚栓或植筋本身性能为主要控制因素	锚杆深度较深、混凝土强度高、锚固区钢筋密集、锚栓或锚筋材质差以及行效截面面积小

（续表）

破坏类型	锚栓类型	破坏荷载	影响破坏衔载因素	常发生场合
混凝土锥体破坏	膨胀型锚栓 扩孔型锚栓	破坏为脆性、离散性大	混凝土强度、锚固深度	机械锚固受拉场合，特别是粗短锚固
混合破坏形式	化学植筋 黏结锚固	脆性比混凝土锥体破坏小，锚固件有明显位移	锚固深度、胶粘剂性能以及混凝土强度	锚固深度小于临界深度
混凝土边缘破坏	机械锚固 化学植筋	楔形体破坏，锚固件位置有一定偏移	边距、锚固深度、锚栓外径、混凝土抗剪强度	机械锚固受粥且距边缘较近的场合
剪撬破坏	机械锚固 化学植筋	锚固件位置有一定偏移	锚栓类型、混凝土抗剪强度	基材中部受剪，一般为粗短锚栓
劈裂破坏	群锚	脆性破坏，本质为混凝土抗拉破坏	锚栓类型、边距、间距、基材厚度	锚栓轴线或群锚轴线连线
拔出破坏	机械锚	承载力低、离散性大	施工质量	施工安装
穿出破坏	膨胀型锚栓	离散性较大、脆性破坏	锚栓质量	膨胀套筒材质软或薄、接触面过于光滑
胶筋界面破坏	化学植筋	脆性破坏	锚固胶质量、钢筋表面胶粘剂强度低、施工质量、混凝土强度高、钢筋密集、钢筋表面光滑	
胶混界面破坏	化学植筋	脆性破坏	锚孔质量、混凝土强度	除尘干燥、混凝土强度低的锚孔表面

任务6.4 数据处理与结果评定

6.4.1 非破坏性检验

非破损检验的评定，应按下列规定进行：

(1) 试样在持荷期间，锚固件无滑移、基材混凝土无裂纹或其他局部损坏迹象出现，且加载装置的荷载示值在 2 min 内无下降或下降幅度不超过 5 %的检验荷载时，应评定为合格。

(2) 一个检验批所抽取的试样全部合格时，该检验批应评定为合格检验批。

(3) 一个检验批中不合格的试样不超过 5 %时，应另抽 3 根试样进行破坏性检验，若检验结果全部合格，该检验批仍可评定为合格检验批。

(4) 一个检验批中不合格的试样超过 5 %时，该检验批应评定为不合格，且不应重做检验。

6.4.2 破坏性检验

锚栓破坏性检验发生混凝土破坏，检验结果满足下列要求时，其锚固质量应评定为合格：

$$N_{R_{m}}^{c} \geqslant \gamma_{ulim} N_{Rk} \tag{6-4}$$

$$N_{R_{min}}^{c} \geqslant N_{Rk} \tag{6-5}$$

式中，$N_{R_{m}}^{c}$——受检验锚件极限抗拔力实测平均值（N）；

$N_{R_{min}}^{c}$——受检验锚固件极限抗拔力实测最小值（N）；

N_{Rk}——混凝土破坏受检验锚固件极限抗拔力标准值（N）；

γ_{ulim}——锚固承载力检验系数允许值，γ_{ulim}取为 1.10。

锚栓破坏性检验发生钢材破坏，检验结果满足下列要求时，其锚固质量应评定为合格。

$$N_{R_{min}}^{c} = \frac{f_{s\,tk}}{f_{yk}} N_{Rk,s} \tag{6-6}$$

式中，$N_{R_{min}}^{c}$——受检验锚固件极限抗拔力实测最小值（N）；

$N_{Rk,s}$——锚栓钢材破坏受拉承载力标准值（N）。

植筋破坏性检验结果满足下列要求时，其锚固质量应评定为合格：

$$N_{R_{m}}^{c} = 1.45 f_{y} A_{S} \tag{6-7}$$

$$N_{R_{min}}^{c} = 1.45 f_{y} A_{S} \tag{6-8}$$

式中，$N^c_{R_m}$——受检验锚固件极限抗拔力实测平均值（N）；

$N^c_{R_{min}}$——受检验锚固件极限抗拔力实测最小值（N）；

f_y——植筋用钢筋的抗拉强度设计值（N/ mm^2 。）；

A_s——钢筋截面面积（mm^2）。

当检验结果不满足以上要求的规定时，应判定该检验批后锚固连接不合格，并应会同有关部门根据检验结果，研究采取专门措施进行处理。

实训任务总结

完成本项目实训任务（见表 6-5）。

表 6-5　实训任务总结评定单任务

<table>
<tr><td>班级</td><td></td><td>学号</td><td></td><td>姓名</td><td></td><td rowspan="2">成绩</td></tr>
<tr><td>周次</td><td></td><td>实训日期</td><td></td><td>组别</td><td></td></tr>
<tr><td colspan="7">1. 目的与要求</td></tr>
<tr><td colspan="7">2. 任务内容简述</td></tr>
<tr><td rowspan="3">3. 课题报告内容</td><td colspan="6">（1）相关理论知识</td></tr>
<tr><td colspan="6">（2）相关实践、安全知识</td></tr>
<tr><td colspan="6">（3）项目实施工程中的重点问题及解决情况</td></tr>
<tr><td>实训项点</td><td colspan="5">标准要求</td><td>教师评价</td></tr>
<tr><td>1</td><td colspan="5">遵守课堂纪律，认真听讲解</td><td></td></tr>
<tr><td>2</td><td colspan="5">练习认真，态度积极，相互指导帮助</td><td></td></tr>
<tr><td>3</td><td colspan="5">按要求着装，并了解彼此着装的目的</td><td></td></tr>
<tr><td colspan="7">教师评语</td></tr>
</table>

项目7 钢结构检测

钢结构的应用在我国已经有了很长的一段历史了。新中国成立后，钢结构建筑发展大体可分为三个阶段：一是初盛时期，20世纪50～60年代初，以苏联156个援建项目为契机，取得了卓越的建设成就；二是低潮时期，20世纪60年代中后期至70年代，国家提出在建筑业节约钢材的政策，限制了钢结构建筑的合理使用与发展；三是发展时期，20世纪80年代至今，沿海地区引进轻钢建筑，北京奥运会大量钢结构体育场馆以及高层钢结构建筑，标志着钢结构发展的第一次高潮。

1. 现代钢结构的应用

(1) 大跨度结构。如体育馆、影剧院、大会堂、展览馆、飞机维修库等均采用钢结构。2008年北京奥运会主体会场鸟巢就是一个典型实例。

(2) 工业厂房。吊车起重质量较大且其他工作较繁重的车间的主要承重骨架多采用钢结构，如钢铁厂的平炉、转炉车间；重型机器制造厂的铸钢车间、锻压车间等。

(3) 高耸结构。包括塔架和桅杆结构，如高压输电线的塔架、广播、通信和电视发射用的塔架和桅杆、火箭发射塔、转进平台。

(4) 高层建筑。由于钢结构自重轻、强度高，同时抗震性能好、工期短、施工方便，对高层建筑的建造极为有利。

(5) 与混凝土组成组合结构。如组合梁和钢管混凝土柱等，充分利用钢材和混凝土的各自优势，组合结构在高层、超高层及复杂结构中应用较多。

2. 钢结构检测的必要性

钢结构检测是钢结构发展的必要环节，原因有以下几点：

(1) 建筑结构质量的检验检测是保证建筑工程质量安全的必要环节。

(2) 钢结构发展快速迅猛，高速建设难免存在建筑质量安全隐患。

(3) 钢结构的特点决定了钢结构在稳定性、节点、防腐等方面存在隐患。

(4) 钢结构的焊缝、螺栓等连接节点，因涉及现场施工的工艺和条件，施工质量可能存在问题。

(5) 灾后安全检测是保证钢结构在灾后能够继续使用的前提条件。

钢结构的制作材料一般由钢厂生产，并有合格证明，强度以及化学成分有良好保证。

因此，钢结构检测重点在结构和构件的缺陷与变形上，焊接质量和钢材锈蚀程度的确定，多采用无损检测。

任务 7.1　钢结构连接的检测

钢结构构件（杆件）是以一定的连接方式和连接件相互连接成整体结构。这些连接部分是结构整体检测工作的关键，往往也是结构损坏和破坏的起源。除构件整体失稳外，绝大多数的钢结构工程事故都与连接构造有关，因此，应将钢结构构件连接作为重点对象进行检测。

7.1.1　焊缝的检测

1. 项目要求

焊缝按《钢结构涉及规范》（GB50017－2012）规定有两种检测方法：普通方法（指外检查、测量尺寸、钻孔检查等）和精确方法（指在普通方法的基础上，用 X 射线、超声波等方法进行的补充检查）。对于重要结构或要求焊接金属强度等于被焊接金属强度的对接焊缝，必须使用精确方法进行检测。

2. 项目实施

（1）普通方法检查焊缝。

①外观检查。将焊缝上的污垢清理干净后凭肉眼（使用 5～20 倍的放大镜）检查焊缝的外观质量，如焊缝咬边、焊缝表面波纹、飞溅情况、焊缝弧坑、焊瘤、表面气孔、夹渣和裂纹等。焊缝质量在外观上要求具有细鳞形表面，无折皱间断和未焊满的陷槽，并与基本金属平缓连接。

②测量尺寸。焊缝的外形尺寸一般用焊缝检测尺测量，如图 7-1 所示。焊缝检测尺由主尺、多用尺和高度标尺构成，可用于测量焊接木材的坡口角度、间隙、错位、焊缝高度、焊缝宽度和角焊缝高度。

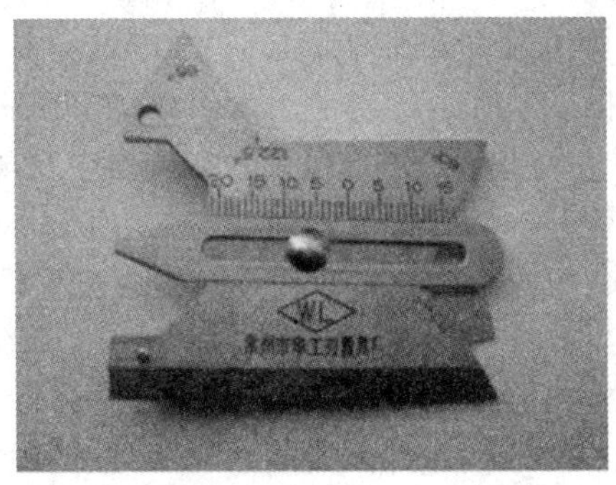

图 7-1　焊缝检测尺

③钻孔检查。在重要的结构中，对焊缝外观检查中的可疑之处再用钻孔方法进行检查，检查焊缝是否有气孔、夹渣、未焊透和裂纹等情况。钻孔检查用的钻头应磨成90°角，钻头直径为8～12 mm。钻孔深度根据焊缝情况确定，一般的对焊缝钻孔深度为焊接件厚度的2/3，贴角焊缝可达焊件厚度的1～1.5倍。一边钻孔一边检查，钻孔后还可以用10 %硝酸溶液作侵蚀检验，以检查微小缺陷，检查完毕后再补满孔眼。

（2）超声波检查焊缝。

①超声波探伤。它是一种基于超声波在工件内部的传播特性来检查内部缺陷的无损检测方法，是目前国内外应用最广泛、使用频率最高且发展较快的一种无损检测技术。超声波检测适用于对接全熔透焊缝的内部缺陷检测。基本工作原理是利用超声波能透入金属材料的深处，并由一截面进入另一截面时，在截面边缘发生反射的特点来检查缺陷，当超声波自探头至金属内部，遇到缺陷与底面时就发生反射波，在荧光屏上形成脉冲波形，根据这些脉冲波形便可以判断缺陷的位置和大小。

纵波探伤时使用直探头，超声波与探头的面成垂直向前传播。如图7-2所示，超声波如遇到缺陷或构件底面时，就会产生反射波，反射波在探头中转换成电震荡，经接收电路后在屏幕上产生上脉冲和底脉冲。根据发射脉冲（构件界面处反射波引起）、上脉冲和底脉冲波形之间的间距之比等于所对应的构件中构件界面、缺陷和底面的高度之比，即可求出缺陷的位置。该检测一般用于钢板、锻件探伤。

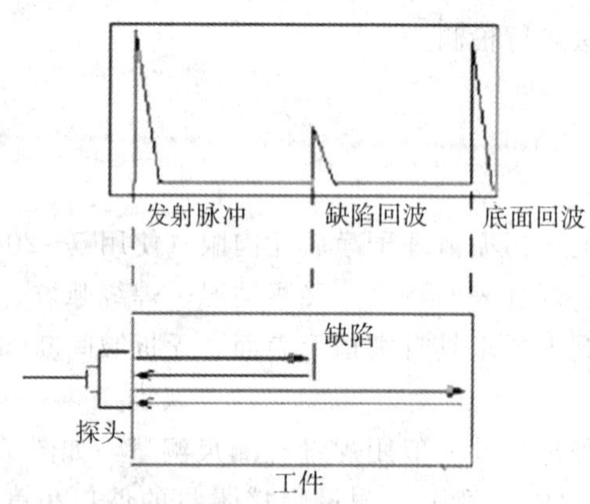

图7-2　脉冲反射式纵波探伤

横波探伤使用斜探头，探入射角分别为30°、40°和50°，主要用于焊缝探伤。使用时，可采用三角试块比较法。如图7-3所示，当采用入射角为50°探头时，在钢中的横波折射为65°，可仿此制作一个65°角的直角三角形试块。在探伤中发现缺陷时，将探头在构件上的位置标明并记录上脉冲的位置，然后将探头移动到三角形试块的斜边，并相对移动，当观察反射脉冲与原来上脉冲位置重合时，记录探头的中心位置，量出L的长度，根据下列公式求出伤的位置：

$$l=L\sin265° \quad (7-1)$$

$$h=L\sin65°\cos65° \quad (7-2)$$

(3) 射线探伤。射线探伤指采用 X 射线，γ 射线，如图 7-3 所示进行拍片检查。X 射线和 γ 射线都是电磁波，可以穿透包括金属在内的不透明物体，并能使胶片感光。当射线透过焊缝时，由于其内部不同的组织结构（包括焊接缺陷）对射线的吸收能力不同，因此射线通过被检查的焊缝后，在有无缺陷处被吸收的程度不同，强度衰减有明显差异，从而使胶片感光的程度不一样。通过缺陷处的射线对胶片的感光较强，冲洗后颜色较深，反之颜色较淡。这样，通过观察底片上的影像，就能判断焊缝内部有无缺陷，以及缺陷的种类、大小和所在位置。这种方法是目前检查焊缝最可靠的方法。

X 射线应用比 γ 射线广，它透照时间短，速度快，灵敏度高，但设备重而复杂，费用高，穿透能力小，一般适用于厚度不大于 40 mm 的焊缝，40 mm 以上的焊缝可以用 γ 射线检查。γ 射线穿透能力很大，可检查厚度达 300 mm 的焊缝，设备轻，操作容易，透视时不需要电源，但底片感光时间较长，透视小于 50 mm 的焊缝时，灵敏度低，若防护不好，射线对人体危害较大。

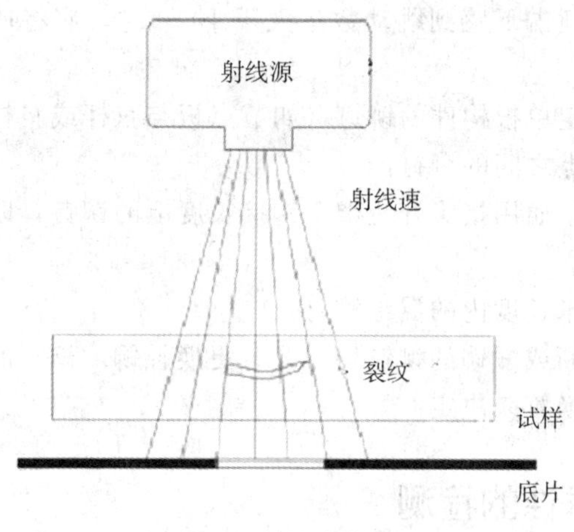

图 7-3　射线检验原理

7.1.2　螺栓与铆钉连接的检测

1. 项目要求

连接在钢结构中占有重要的地位，因为无论由钢板、型钢组成构件还是由构件形成结构，都必须通过连接来实现。连接方式则直接影响到结构的构造、制造工艺和工程造价。另外，连接的构造和受力都比较复杂，往往成为结构的薄弱环节。因此，钢结构连接设计与质量好坏将直接影响钢结构的安全使用和经济成本。

2. 项目实施

(1) 螺栓连接的检查。对螺栓检查一般用目测结合扳手进行。正常工作的螺栓、螺母不应有丝毫松动，螺栓头及螺母应完全压紧垫板。对于一些承受较大振动且荷载特别重要的螺栓，尚应定期卸开用放大镜检查螺栓上是否有裂纹，必要时采用超声波、磁力探伤等物理方法检查。

根据检查结果，对于断裂的螺栓，应查明原因，必要时校核其承载能力是否满足要求，并予以更换或其他处理。对于松动的螺栓结合检查工作予以旋紧。高强度螺栓应采用特制测力扳手，使螺栓达到规定的旋紧力，高强度螺栓旋紧后，应从中抽查 5 %～10 %，看其扭矩是否达到规定的数值。检查方法是先松动螺母的 1/6 圈，然后再用扳手转到原来的位置，看其扭矩是否符合要求。如不足应旋紧到规定的扭矩值。永久性普通螺栓的螺母的固定按设计规定，用有防松装置的螺母或弹簧垫圈。设计无规定时，可焊死螺母或打毛螺纹。

(2) 铆钉连接的检查。铆钉连接的检查工具有：0.3 kg 的手锤、放大镜、塞尺、样板等。正常的铆钉在用手锤敲打时，不得有丝毫跳动。检查时可用一手贴近钉头，另一手用锤自钉头侧面敲击，再从另一侧敲击，如铆钉松动，则手会感到钉头跳动。在厂房结构检查过程中，一组铆钉在锤击下感到跳动数量大于 10 %时，应将所有跳动的铆钉换掉。所谓一组铆钉系指：

①在节点范围内固定单根构件的铆钉（如节点板与弦杆或斜杆连接的铆钉）。

②桁架组合构件节点之间的铆钉。

③在拼接处的铆钉，通用接头处为半个铆接长度上的铆钉，阶梯形接头处为每个接头间的铆钉。

④受弯构件翼缘每米长度内的翼缘铆钉。

对松动、掉头、剪断或漏铆的铆钉均需及时更换补铆，修复时可采用高强度螺栓代替铆钉，其直径按等强度换算来决定。

7.1.3 钢材锈蚀的检测

钢结构最大的缺点是易于锈蚀，锈蚀导致钢材截面削弱，承载力下降。钢材的锈浊程度可由其截面厚度的变化来反映。检测钢材厚度的仪器有超声波测厚仪和游标卡尺，两者的精度均可达到 0.01 mm。检测前需首先进行除锈处理。

超声波测厚仪采用脉冲反射波法。超声波从一种均匀介质向另一种介质传播时在界面上会发生相应的反射，测厚仪可测出探头自发出超声波至收到界面发射回波的时间。超声波在各种钢材中的传播速度可查表或通过实测确定，由波速和传播时间就可计算出钢材的厚度。

数字超声波测厚仪测出的厚度会直接显示在显示屏上。

任务 7.2　构件的检测

钢结构的杆件、连接板、腹板、翼缘板等部件均不可弯曲或变形，也不应出现裂缝或损伤。因为弯曲和变形会产生附加应力，而裂缝和损伤会削弱杆件的承载能力。钢结构在使用阶段如产生过大的整体变形，则表面结构的承载能力或稳定性将不能满足使用需要。

7.2.1　结构的变形检测

(1) 钢结构整体变形的检查内容和方法。

①梁和桁架的整体变形表现为垂直变形（即挠度）和侧向变形两个方面。检查时，可先目测结构是否有异常变形现象，如下弦挠度过大；上、下弦或桁架平面出现扭曲；屋面局部低陷不平；与梁架有关的吊顶、粉饰等装修开裂等。对目测有异常变形的梁、桁架再进一步用弦线或细铁线在桁架弦杆或梁的翼缘两端拉紧，在有关检测点测量出弦线与弦杆（或梁）中线的垂直矢距（桁架平面内或梁的受弯曲平面内）或水平矢距（桁架平面或梁的受弯曲平面外），如图 7-4 所示。

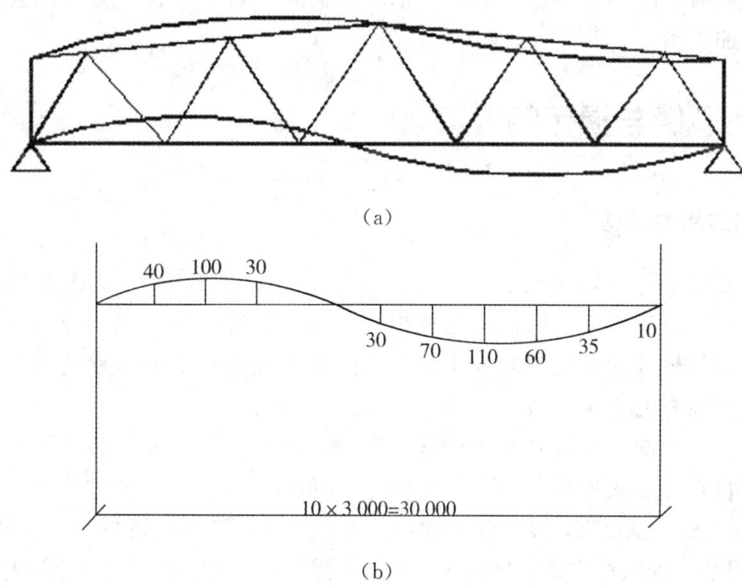

图 7-4　屋架垂直变形与下弦轴线垂直变位图

(a) 屋架垂直变形　(b) 下弦轴线垂直变位

②柱子的整体变形表现为柱身的倾斜或挠曲。检查时应分别对横向（受力主平面内）和纵向（垂直于受力主平面）两个方向进行测定，先通过目测检查，再对有异常现象的部

位，用经纬仪或自柱顶吊挂线锤的方法，量出柱身有关各点偏离垂线的距离，并以此距离绘制柱身轴线变位图。

7.2.2 杆件弯曲和变形的检测

杆件弯曲的检查方法与检查整体变形相同，可用弦线或细铁线在杆件的两端选点张拉，加以比较量测。

受压弦杆的纵向弯曲在杆件相邻两支点间（即杆件自由长度）的挠曲矢高不应大于 $L/1000$（L 为支点间长度），且不大于 10 mm。如超过此值，必须以杆件的最大内力及实际测得的变形数据，按偏心受压杆验算。

若承载能力和稳定性不能满足要求，则需加固：

当 $FL \leqslant L/500$ 时，可不设辅助支承；

当 $F > L/500$ 时，则加固后仍设辅助支承，以防止变形进一步发展。

受静荷载的受拉杆件的弯曲，对杆件本身来说是不危险的，但当弯曲变形过大时，对杆件进行修整矫直会导致杆件系统的较大变形，故检查中拉杆允许弯曲度一般不应大于 $L/100$，否则就应予以修整矫直或采取其他加固措施。当弯曲度大于 $L/30$ 时，应考虑在修整矫直过程中节点间距变更的影响。

连接板、腹板、翼缘板等钢板的翘曲，可用直尺靠近，比较测量。

腹板的局部挠曲，在 1 m 范围内的挠曲矢高不应大于 1.5 mm，否则也应进行验算。此时的梁、柱截面中应扣除腹板凸起的一部分截面积，若验算结果强度不足时，应在截面的受压区采取加固措施。

7.2.3 裂缝与损伤的检测

1. 一般钢结构裂缝检测

钢结构的裂缝大都出现在承受动力荷载的构件（如吊车梁）上，其他受冲击的结构也有裂缝产生，一般承受静力荷载的钢结构极少发现有裂缝问题，但仍应周密检查。因为在使用不当、严重超载或地基发生较大不均匀沉降的情况下，结构构件的薄弱部位也有可能出现裂缝。裂缝检查的方法如下：

（1）用包有橡皮的木槌轻轻敲击构件各部位，如声音不清脆、传音不均、有突然中断等情况，即可肯定有裂纹或损伤。

（2）用 10 倍放大镜观察，发现在油漆表面有成直线的黑褐色锈痕，油漆表面有细而直的开裂、锯齿形开裂、油漆小块条形鼓起并且里面有锈沫等现象时，应将油漆铲去仔细检查。

（3）当发现有裂纹症状，但不能肯定时，可采用滴油的方法检查。不存在裂纹时，油渍成圆弧状扩散；有裂纹时，油渗入裂纹内成直线伸展。

2. 重要钢结构损伤检测

对于重要结构构件的损伤，可采用涡流、磁粉和渗透等无损检测技术进行检测。

(1) 涡流检测建立在电磁感应理论基础上。将一个交变电源施加在检测线圈上，供给其激励电流，则检测线圈周围建立一个交变磁场，即激励磁场。当导体被测件靠近激励磁场时，磁场通过电磁感应对其形成磁化并在被测件内感应出涡流。与此同时，涡流又会在被测件内及其周围建立一个涡流磁场，该磁场的交变频率与激励磁场的交变频率相同。由楞次定律可知，涡流磁场的变化与激励磁场刚好相反，正好起到削弱并力图抵消激励磁场的作用。这种作用的程度取决于被测件的材质、导磁和导电性能、涡流所流经路途上是否存在缺陷以及物理、化学等多种因素的影响。因此，在检测中，若构件无缺陷，在激励作用下被测件内感应出的涡流流动呈现同一形状；若被测件上有缺陷，如裂纹时，就破坏了原来涡流流动的路径，使其发生畸变，涡流磁场也随之发生变化。借助检测线圈或其他敏感元件对涡流磁场是否发生畸变以及变化程度进行有效的检测，就能实现利用涡流对构件无损检测的目的。

(2) 磁粉检测：借助外加磁场将待测构件（只能是铁磁性材料）进行磁化，被磁化后的构件上若不存在缺陷，则它各部分的磁特性基本一致且呈现较高的磁导率，而存在裂纹、气孔或非金属夹渣等缺陷时，由于它们会在构件上造成气隙或不导磁的间隙，它们的磁导率远远小于无缺陷部位的磁导率，致使缺陷部位的磁阻大大增加。磁导率在此产生突变，构件内磁力线的正常传播遭到阻隔，这时磁化场的磁力线就被迫改变路径而逸出构件，并在工作表面形成漏磁场，如图 7-5 所示。

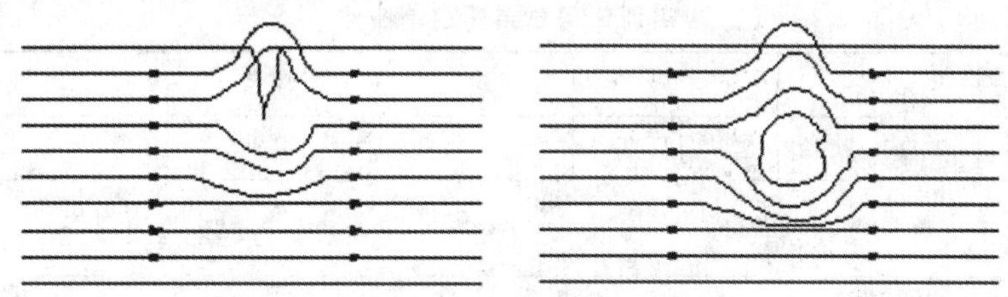

图 7-5　漏磁场的形成

漏磁场的强度主要取决于磁化场的强度和缺陷对于磁化场垂直截面的影响程度。利用磁粉或其他磁敏感元件，就可以将漏磁场显示或测量出来，从而分析判断出缺陷的存在与否及其位置和大小。检测时可将铁磁性材料的粉末撒在构件上，在有漏磁场的位置磁粉就被吸附，从而显示形成缺陷形状的磁痕，磁粉检测能比较直观地检测出缺陷。这种方法是应用最早、最广泛的一种无损检测方法。它分为干法（将磁粉直接撒在被测构件表面）和湿法（将磁粉悬浮于载液如水或煤油之中形成磁悬液喷撒于被测构件表面）两种，磁粉检测方法简单实用，能适用于各种形状和大小以及不同工艺加工制造的铁磁性金属材料表面缺陷检测，但不能确定缺陷深度。

(3) 渗透检测。液体对固体的湿润能力和毛细现象作用是渗透检测的基础。检测时，首先将具有良好渗透力的渗透液涂在被测构件表面，由于渗透和毛细作用，渗透液便渗入构件上开口型的缺陷当中，然后对构件表面进行净化处理，将多余的渗透液清洗掉，再涂上一层显像剂，将渗入并滞留在缺陷中的渗透液吸出来，就能得到被放大了的缺陷的清晰显像，从而达到检测缺陷的目的。渗透检测法的检测示意如图 7-6 所示。

渗透检测可同时检出不同方向的各类表面缺陷，但不能检测非表面缺陷。

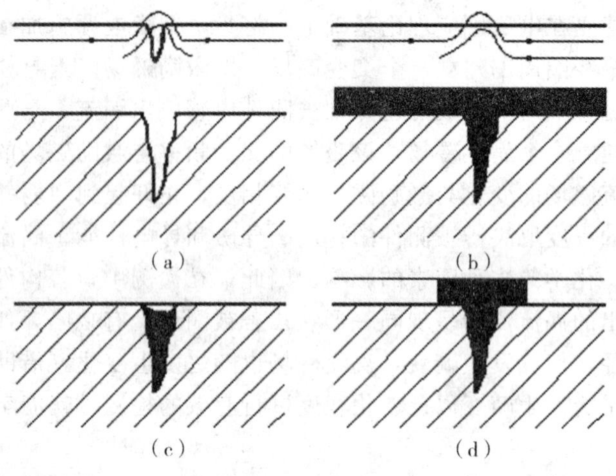

图 7-6　渗透检测

(a) 渗透前　(b) 渗透后　(c) 清洗前　(d) 清洗后

实训任务总结

完成本项目实训任务（见表下）。

实训任务总结评定单任务

<table>
<tr><td>班级</td><td></td><td>学号</td><td></td><td>姓名</td><td></td><td rowspan="2">成绩</td></tr>
<tr><td>周次</td><td></td><td>实训日期</td><td></td><td>组别</td><td></td></tr>
<tr><td colspan="7">1. 目的与要求</td></tr>
<tr><td colspan="7">2. 任务内容简述</td></tr>
<tr><td rowspan="3">3. 课题报告内容</td><td colspan="6">(1) 相关理论知识</td></tr>
<tr><td colspan="6">(2) 相关实践、安全知识</td></tr>
<tr><td colspan="6">(3) 项目实施工程中的重点问题及解决情况</td></tr>
<tr><td>实训项点</td><td colspan="5">标准要求</td><td>教师评价</td></tr>
<tr><td>1</td><td colspan="5">遵守课堂纪律，认真听讲解</td><td></td></tr>
<tr><td>2</td><td colspan="5">练习认真，态度积极，相互指导帮助</td><td></td></tr>
<tr><td>3</td><td colspan="5">按要求着装，并了解彼此着装的目的</td><td></td></tr>
<tr><td colspan="7">教师评语</td></tr>
</table>

项目8 建筑节能的基本知识

随着社会经济的发展，生产活动对能源的需求日益增大。其中，建筑产生的能耗占社会总能耗的30％以上，如何降低巨额的建筑能耗实现建筑节能已成为全社会发展的焦点问题。目前，开发研制建筑节能材料，已成为建筑节能的根本途径，也是促进建筑行业持续健康发展的基本保证。

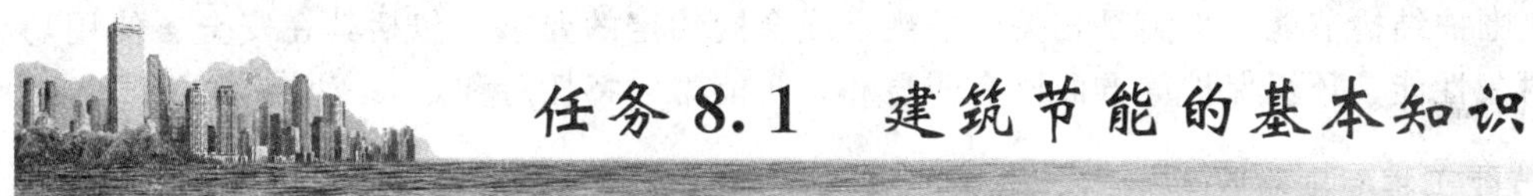

任务8.1 建筑节能的基本知识

8.1.1 建筑节能

“建筑节能”就是在建筑物的设计、施工、安装以及使用的整个过程中，按照国家、行业和地方有关建筑节能的相关标准，对建筑物的围护结构采取隔热保温措施，使用节能型用能系统、可再生能源利用系统及其维护保养等一系列措施，以达到节约使用各种能源、保护环境的目的。

建筑节能的要求：舒适健康、技术高效和全寿命周期。

(1) 建筑节能应体现“舒适健康”的室内环境品质要求。节能，一方面要厉行节约，反对奢侈浪费；另一方面也要体现舒适健康的时代需求，以不降低“舒适度和健康水平”的合理需求为前提。随着人类生活水平的不断提高，人们对生活和工作环境的要求也越来越高，包括室内空气质量、室内热环境、光环境、声环境、视觉环境以及空气中的化学污染物等。当自然条件不能满足人们的要求时，就需要通过消耗能源进行适当调节，以优化生活和工作环境。

(2) 建筑节能应体现“技术高效”。建筑节能技术，应在经济合理的前提条件下优先使用人类社会最新的发明成果，以求达到节约能源和保护环境的根本目的，也只有实现这一目的的节能技术才是真正高效的节能技术。

(3) 建筑节能应是“全寿命周期”的。全寿命周期，就是要求从建筑的设计之初，就要考虑所选用的建筑材料生产、建筑施工、建筑的使用和建筑的拆除等整个阶段的总能源消耗，应充分考虑其对环境的破坏程度。只有总能耗低的节能技术，才是真正的节能技术。

8.1.2 建筑节能常用术语

1. 围护结构

围护结构是构成建筑空间，抵御环境不利影响的构件（也包括某些配件）。根据在建筑物中的位置，围护结构分为外围护结构和内围护结构。外围护结构包括外墙、屋顶、侧窗、外门（含阳台门）等，用以抵御风雨、温度变化、太阳辐射，应具有保温、隔热、隔声、防水、防潮、耐火、耐久等性能。内围护结构如隔墙、楼板和内门窗等，起分隔室内空间作用，应具有隔声、隔视线以及某些特殊要求的性能。围护结构通常是指外墙和屋顶等外围护结构。

2. 围护结构节能工程质量

反映围护结构节能工程满足相关标准规定或合同约定的要求，包括其在安全、使用功能及其耐久性能、环境保护等方面所有明显和隐含能力的特性总和。

3. 节能工程专项验收

节能工程在施工单位自行质量检查评定的基础上，参与建设的有关单位共同对围护结果节能工程质量（包括节能设计审查、节能产品与材料质量检查、节能施工质量检查、节能资料核查等）进行的专项验收。

4. 主控项目和一般项目

主控项目：节能工程中对安全、功能起决定性作用的检验项目。

5. 冷桥和热桥

冷桥、热桥是我国南北方对同一事物现象的不同称谓。指在建筑物外围护结构与外界进行热量传递时，由于围护结构中的某些部位的传热系数明显大于其他部位，使热量相对集中地从这些部位快速传递，从而增大建筑物的空调、采暖负荷及能耗。主要有钢筋混凝土的过梁、圈梁（未做保温处理）冬季室内出现结露、结霜现象，称为冷桥或热桥（北方一般称冷桥）。这是由于导热能力较强的金属材料、混凝土等部位，热量流失高于相邻部位而形成。

热桥应做保温措施，保证其内表面温度不低于室内空气露点，避免在冬季正常采暖时产生不同程度的结露和长霉现象而影响结构的正常使用。

6. 保温与隔热

保温是指外围护结构在冬季阻止热量由室内向室外传递，以保持室内温度的能力。隔热是指围护结构在夏季阻止热量由室外向室内传递，以保持室内温度的能力。两者的区别，如表8-1所示。

表8-1 保温与隔热的区别

不同点	保 温	隔 热
传热过程	冬季一天中以稳定传热为主	夏季一天中以周期性的不稳定传热为主
评价指标	用传热系数或传热阻评价	用围护结构热惰性指标（D值）评价；透明玻璃用遮阳系数 S_c 评价
节能措施	一般只要提高围护结构的热阻	要求围护结构有较大的热阻，较好的热稳定性（D值较大）
备注	在我国南方地区，隔热比保温更重要，应重视建筑物围护结构的隔热措施	

7. 导热系数和热阻

当材料两面存在温度差时，建筑材料传递热量的性质，称为材料的导热性，用导热系数 λ 表示。

导热系数是指在稳定传热条件下，1 m厚的材料，两侧表面的温差为1 K，在1s内，通过 $1m^2$ 面积传递的热量，用 λ 表示，单位为 W/m·K。

热阻，围护结构或其中某层材料阻抗传热的物理量，是材料层（墙体或其他围护结构）抵抗热流通过的能力。计算方法：材料厚度与导热系数的比值，单位是 m^2·K/W。

导热系数和热阻是衡量单一材料保温能力的核心指标。

8. 传热系数和传热阻

传热阻 R_0，围护结构阻抗传热能力的物理量，为围护结构各层材料传热阻之和。

传热系数 K，表征围护结构传递热量能力的指标，是传热阻的倒数。

传热系数和传热阻是衡量墙体与构件保温能力的核心指标。

9. 遮阳系数

遮阳系数（Sc）为实际通过玻璃的热量与通过厚度为3 mm厚标准玻璃的热量的比值，其值在0～1范围内变化。

10. 体形系数

体形系数（S）指建筑物与室外大气接触的外表面积与其所包围体积的比值 F_e/V_e，一般来讲，体形系数越小，单位建筑面积对应的外表面积越小，外围护结构的传热损失就越小，对节能越有利。

任务8.2 建筑节能检测的内容

8.2.1 建筑节能材料检测

建筑节能材料是指在维持建筑日常使用过程中，通过改变建材自身的特性达到降低建筑能耗的材料。

建筑材料节能检测，是用标准的方法、适合的仪器设备和环境条件，由专业技术人员对节能建筑中使用原材料、设备、设施和建筑物等进行热工性能及与热工性能有关的技术操作。

1. 建筑节能材料分类

(1) 节能主墙体材料。建筑工程中墙体节能材料的应用，主要包含了加气混凝土砌块、EPS砌块、混凝土空心砌块、模网混凝土、纳土塔空心墙板承重墙体。

(2) 建筑节能外墙保温材料。该材料是靠绝热保温材料为建筑围护，极大的降低室内外的热传递。主要包括矿物棉材质、玻璃棉材质、聚苯乙烯泡沫塑料、硬质聚氨酯泡沫塑料、硅酸盐复核绝热砂浆、水泥聚苯板、胶粉聚苯颗粒保温材料等。

(3) 节能门窗。门窗结构是影响室内环境散热的主要因素，其主要是框体材质和玻璃材料的应用。目前节能门窗框材料主要有以下3种：

①塑钢型材门窗框。采用PVC塑料为主要原材，具有比重轻、热导率低、保温性能好、耐腐蚀、隔声防震等优点。但PVC塑料线膨胀系数高，容易影响窗体气密性；脆性和耐温性能较差，不适合在严寒和高温地区使用。

②塑铝型材门窗框。在铝合金型材中注入聚酰胺塑料隔板，使框体刚性好、耐寒热性好、弯曲模量高，同时可通过隔板阻止热量的传递。

③玻璃钢型材框体。玻璃钢是将玻璃纤维浸渍了树脂的液态原料，并通过模压预成型。玻璃钢型材同时具备了铝合金型材的刚度与PVC型材的低热传导性。其良好的耐热、耐腐蚀性能；低热导率；高隔热隔声性能已日益成为节能产品的重点发展趋势。

目前推广的节能玻璃主要有以下3种：

①中空玻璃，两片玻璃板中间层充灌氪、氩或者空气，极大降低热导率，提高保温性能。

②真空玻璃，将两片玻璃板间隙抽成真空并密封排气孔，板间间隙通常为0.1～0.2 mm。其保温与隔音性能优于中空玻璃。

③镀膜玻璃，在玻璃表面镀上一层金属薄膜，改变玻璃的投射系数和反射系数，达到保温节能效果。

2. 节能材料检测方法简介

节能材料的检测类别丰富，主要针对材料密度、导热系数、收缩稳定性、耐候性、密闭性能等进行试验检测，其检测方法主要有下列4种：

(1) 热流计法，通过热流计来测量建筑物围护结构或保温材料的传热量及物理性能参数，是目前国内外常用的检测方法。

(2) 热箱法，利用电热箱制造一维传热环境，通过测定围护结构的冷热表面温度和传热量，计算出被测部位的传热系数。

(3) 红外热像仪法，利用先进的红外热像仪并加以数据处理与计算机分析测定现场物体表面温度分布。可完整的保护被测环境温度场，比其他测温技术具有更显著的优越性。

(4) 气密性测定方法，通过模拟压力环境与跟踪气体，检测房间与门窗的气密性能。

8.2.2 墙体节能检测

1. 墙体节能概述

墙体是建筑物的重要组成部分，墙体传热占整体结构传热的25 %～30 %，对墙体的保温设计、材料选择以及施工质量控制是降低能耗、节能减排的关键环节。

根据保温材料的不同，墙体节能分为：单一材料保温外墙及复合保温外墙。其中单一材料保温外墙包括：加气混凝土、烧结保温砖、保温砌块、保温装饰一体化板材等。复合保温外墙按照保温材料设置位置的不同，可分为外墙内保温、外墙外保温和夹心保温外墙等。

2. 墙体节能工程材料检测

用于墙体节能工程的材料、构件等，其品种、规格应符合设计要求和相关的标准规定，进场时应按规范要求进行复验，其中，墙体节能工程使用的保温隔热材料，其导热系数、密度、抗压强度、燃烧性能为墙体节能检测的重要参数指标，进场时应有复验报告。墙体节能工程采用的保温材料和黏结材料等，进场时应对其下列性能进行复验，复验为见证取样送检。

(1) 保温材料的导热系数、密度、抗压强度或压缩强度。

(2) 黏结材料的黏结强度。

(3) 增强网的力学性能、抗腐蚀性能。

墙体节能工程的保温材料在施工过程中应采取防潮、防水等保护措施。

3. 外墙外保温系统检测

外墙外保温系统是由保温层、保护层和固定材料（胶粘剂、锚固件等）构成并且适用于安装在外墙外表面的非承重保温构造总称，其检测依据《外墙外保温工程技术规程》(JGJ144－2004) 实施。

外墙外保温工程主要组成材料进场时，应提供产品品种、规格、性能等有效的型式检验报告，并进行现场抽样复验，如表 8-2 所示。

表 8-2　外保温系统主要组成材料复检项目

组成材料	复检项目
EPS 板	密度、抗拉强度、尺寸稳定性。用于无网现浇系统时，加验界面砂浆喷刷质量
胶粉 EPS 颗粒保温浆料	湿密度、干密度、压缩性能
EPS 钢丝网架板	EPS 板密度，EPS 钢丝网架外观质量
胶粘剂、抹面胶浆、抗裂砂浆、界面砂浆	干燥状态和浸水 48 h 拉伸黏结强度
玻纤网	耐碱拉伸断裂强力，耐碱拉伸断裂强力保留率
腹丝	镀锌层厚度

注：胶粘剂、抹面胶浆、抗裂砂浆、界面砂浆制样后养护 7 d 进行拉伸黏结强度检验。发生争议时，以养护 28 d 为准。

4. 外墙内保温系统检测

外墙内保温系统由保温层和防护层组成，用于外墙内表面起保温作用的系统。基本构造：基层墙体、黏结层（界面层）、保温层、防护层，其检测依据《外墙内保温工程技术规程》（JGJ/T261－2011）实施。

内保温工程主要组成材料进场时，应提供产品品种、规格、性能等有效的型式检验报告，并如表 8-3 所示进行现场抽样复验。

表 8-3　内保温系统主要组成材料复验项目

组成材料	复验项目
复合板	拉押黏结强度、抗冲击性
有机保温板	密度、导热系数、垂直于板面方向的抗拉强度
喷涂硬泡聚氨酯	密度、导热系数、拉伸黏结强度
纸蜂窝填充憎水型膨胀珍珠岩保温板	导热系数、抗拉强度
岩棉板（毡）	标称密度、导热系数
玻璃棉板（毡）	标称密度、导热系数
无机保温板	干密度、导热系数、垂直于板面方向的抗拉强度
保温砂浆	干密度、导热系数、抗压强度

（续表）

组成材料	复验项目
界面砂浆	拉伸黏结强度
胶粘剂	与保温板或复合板拉伸黏结强度的原强度
黏结石膏	凝结时间、与有机保温板拉伸黏结强度
粉刷石膏	凝结时间、黏结强度
抹面胶浆	拉伸黏结强度
玻璃纤维网布	单位面积质量、拉伸断裂强力
锚栓	单个锚栓抗拉承载力标准值
腻子	施工性、初期干燥抗裂性

5. 饰面层检测

外墙保温工程不宜采用粘贴饰面砖做饰面层。当采用时，其安全性与耐久性必须符合设计要求，饰面砖应做黏结强度拉拔试验。

6. 其他外墙保温检测

外墙采用保温浆料做保温层时，应在施工中制作同条件养护试件，检测其导热系数、干密度和压缩强度。保温浆料的同条件养护应见证取样送检。

采用保温砌块砌筑墙体时，应采用具有保温功能的砂浆，并对砌筑砂浆进行强度检测。

8.2.3 门窗节能检测

1. 门窗节能概述

门窗节能是建筑节能的关键，门窗传热占整体结构传热的 25 %，其节能处理主要是改善材料的保温隔热性能和提高门窗的密闭性能。建筑外窗的气密性、保温性能、中空玻璃露点、遮阳系数及可见光透射比是门窗节能检测的重要参数指标。

门窗根据材料不同分为金属门窗、塑料门窗、木质门窗、各种复合门窗等。

2. 门窗材料及配件性能检测

建筑门窗材料及配件质量直接影响节能效果，进场后应对其外观、品种、规格及附件等进行检查验收。

表 8-4 为门窗的基本组成材料及常规检测参数，主要检测依据为《建筑玻璃 可见光透射比、太阳光直接透射比、太阳能总透射比、紫外线透射比及有关窗玻璃参数的测定》(GB/T 2680—1994)。

表 8-4 门窗的基本组成材料及常规检测参数

组成材料	性能参数
玻璃	传热系数，可见光透射比，遮阳系数，中空玻璃露点
保温隔热材料	导热系数，密度，燃烧性能
型材	抗拉强度，抗剪强度
密封胶条	硬度，拉伸强度，老化性能
锁具及五金配件	互开率，使用寿命，机械性能
轻钢龙骨	外观质量，镀层厚度，力学性能

3. 门窗整体性能检测

建筑外门窗整体性能质量是门窗节能效果的关键因素，建筑外窗进入施工现场时，应按地区类别对其下列性能进行复验，复验为见证取样送检。

(1) 严寒、寒冷地区：气密性、传热系数和中空玻璃露点。

(2) 夏热冬冷地区：气密性、传热系数、玻璃遮阳系数、可见光透射比和中空玻璃露点。

(3) 夏热冬暖地区：气密性、玻璃遮阳系数、可见光透射比和中空玻璃露点。

严寒、寒冷及夏热冬冷地区的建筑外窗，应对其进行气密性的现场实体检验，检测结果应满足设计要求。

主要检测依据为：《建筑外门窗气密、水密、抗风压性能分级及检测方法》(GB/T7106—2008)、《建筑外窗气密、水密、抗风压性能现场检测方法》(JG/T 211—2007)、《建筑外门窗保温性能分级及检测方法》 (GB/T8484—2008)、《建筑外窗采光性能分级及检测方法》(GB/T11976—2015)。

8.2.4 屋面节能检测

1. 屋面节能概述

屋面节能是建筑节能的重要组成部分，屋面传热占结构传热的 6 %～10 %

根据屋面结构特点及使用功能，有节能要求的屋面工程包括松散保温材料屋面、现浇保温材料屋面、喷涂保温材料屋面、板材屋面、块材屋面等。

按屋面保温、隔热的作用效果又可分为保温屋面和隔热屋面。保温屋面主要有松散材料保温屋面、板状材料保温屋面和整体现浇保温屋面，隔热屋面包括架空隔热屋面、种植隔热屋面和蓄水隔热屋面。

2. 保温隔热材料检测

屋面节能工程使用的保温隔热材料，其品种、规格应符合设计要求和相关标准规定，其导热系数、密度、抗压强度、燃烧性能为屋面节能检测的重要物理性能，应符合设计要求，进场时应进行复验，复验应为见证取样送检。表 8-5 为常用保温隔热材料标准及试验方法的物理性能及检测依据。

表 8-5 常用保温隔热材料标准名称及代号

类别	标准名称及代号
保温隔热材料	《绝热用模塑聚苯乙烯泡沫塑料》(GB/T10801.1－2002)
	《绝热用挤塑聚苯乙烯泡沫塑料（XPS)》(GB/T10801.2－2002)
	《绝热用岩棉、矿渣棉及其制品》(GB/T11835－2007)
	《建筑绝热用玻璃棉制品》(GB/T17795－2008)
	《绝热用玻璃棉及其制品》(GB/T13350－2008)
	《矿物面喷涂绝热层》(JC/T909－2003)
	《泡沫玻璃绝热制品》(JC/T647－2014)
	《膨胀珍珠岩绝热制品》(GB/T10303－2015)
	《硅酸盐复合绝热涂料》(GB/T17371－2008)
	《蒸压加汽混凝土板》(GB15762－2008)
	《蒸压加汽混凝土砌块》(GB11968－2006)
	《膨胀蛭石制品》(JC442－2009)
保温隔热材料试验方法	《绝热材料稳态热阻及有关特性的测定防护热板法》(GB 10294－2008)
	《绝热材料稳态热阻及有关特性的测定热流计法》(GB 10295－2008)
	《绝热层稳态传热性质的测定圆管法》(GB 10296－2008)
	《建筑构件稳态热传性质的测定 标定和防护热箱法》(GB/T13475－2008)
	《矿物棉及其制品试验方法》(GB/T5480－2008)
	《无机硬质绝热制品试验方法》(GB/T5486－2008)
	《泡沫塑料与橡胶表观（体积）密度的测定》(GB/T6343－2009)
	《加气混凝土导热系数试验方法》[JC275－1980 (1996)]
	《建筑材料及其制品的燃烧性能 燃烧热值测定》(GB/T11785－2005)
	《建筑材料及其制品的燃烧性能分级》(GB8624－2012)

3. 采光屋面节能检测

采光屋面与实体屋面相比，其传热系数、遮阳系数、可见光透射比及气密性是影响节能效果的主要因素，因此必须达到设计要求，进场时应进行复验，复验应为见证取样送检，并应进行现场淋水试验，以验证气密性是否达到要求。

8.2.5　地面节能检测

在建筑围护结构中，通过地面向外传导的热（冷）量约占整个围护结构传热量的3 %～5 %。地面传热主要分3个途径：一是直接接触土壤的地面传热；二是与室外空气接触的架空楼板底面；三是地下室、半地下室与土壤接触的外墙传热。对于地面节能的检测能有效地控制热散失。

地面节能检测主要是针对地面施工时所用的保温材料，主要检测其导热系数、密度、抗压强度或抗缩强度、燃烧性能。并在材料进场前进行见证取样复验。

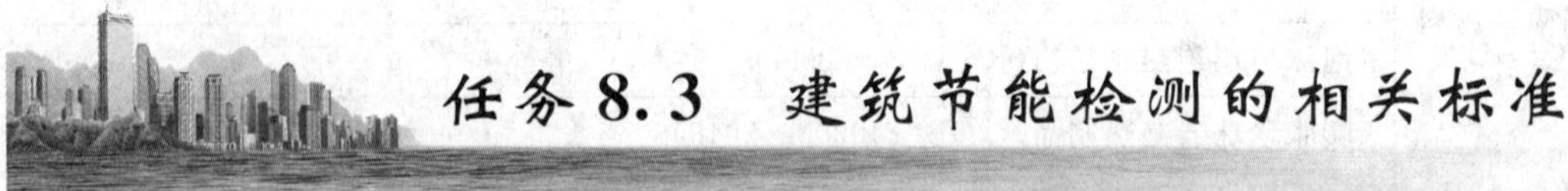

任务8.3　建筑节能检测的相关标准

(1)《居住建筑节能检测标准》(JGJ/T 132－2009)。该标准规范了居住建筑节能的方法，适用于新建、扩建、改建居住建筑的节能检测。规范包含了外围护结构热工缺失与热桥部位内表面温度检测；围护结构主体部位传热系数检测；窗气密性检测；窗遮阳系数检测；室外管网热损失率；锅炉运行效率检测。

(2)《建筑节能工程施工质量验收规范》(GB50411－2007)。该规范适用于新建、改建和扩建的民用建筑工程中墙体、门窗、屋面、地面、采暖、通风与空调、配电与照明、监测与控制等建筑节能工程施工质量的验收。为加强建筑节能工程的施工质量，规范建筑节能工程的实施提供了科学的管理规定。

(3) 产品节能标准。建筑产品节能标准是对建筑门窗、建筑幕墙、外围护结构、空调机组、风机盘管、配电照片等一系列对建筑节能材料与产品标准要求。具体标准分类如表8-6所示。

表8-6　产品节能标准

类别	具体节能标准
建筑门窗	《建筑外门窗气密、水密、抗风压性能分级及检测方法》(GB/T 7106－2008)
	《建筑外门保温性能分级及其检测方法》(GB/T 16729－1997)
	《PVC 塑料门》(JG/T 3017－94)
	《PVC 塑料窗》(JG/T 3018－94)
	《中空玻璃》(GB/T 11944－2002)

（续表）

类别	具体节能标准
建筑幕墙	《建筑幕墙》(JG 3035—1996)
	《建筑幕墙气密、水密、抗风压性能检测方法》(GB/T 15227—2007)
	《建筑幕墙物理性能分级》(GB/T 15225—94)
外墙保温	《外墙内保温板》(JG/T 159—2004)
	《膨胀聚苯板薄抹灰外墙外保温系统》(JG149—2003)
	《胶粉聚苯颗粒外墙外保温系统材料》(JG/T 158—2013)
空调机组	《组合式空调机组》(GB/T14294—2008)
	《风机盘管机组标准》(GB/T19232—2003)
	《单元式空气调节机》(GB/T 17758—2010)
	《单元式空气调节机能效限定值及能源效率等级》(GB 19576—2004)
冷热源系统	《活塞式单级制冷机组及其供冷系统节能监测方法》(GB/T15912—1995)
	《冷水机组能效限定值及能源效率等级》(GB19577—2004)
	《蒸气压缩循环冷水（热泵）机组》(GB 18430.1—2007)
	《水（地）源热泵机组》(GB/T19409—2013)

任务8.4　钻芯法检测墙体节能结构

8.4.1　钻芯法节能检测

钻芯法检测墙体节能结构是为了验证带有保温层的建筑外墙是否符合设计要求所采取的检验。当对围护结构中墙体之外的部位（如屋面、地面等）进行节能构造检验时，也可以参照进行。根据国家标准《建筑节能工程施工质量验收规范》（GB50411—2007）的要求，对外墙节能构造钻芯检验方法的现场取样应进行全过程拍照。

钻芯检验应在墙体施工完成后、节能分部工程验收前进行，其取样部位和数量遵守以下规定：

（1）取样部位应由监理（建设）与施工双方共同确定，不得在外墙施工前预先确定。

（2）取样位置应选取节能构造有代表性的外墙上相对隐蔽的部位，并宜兼顾不同朝向和楼层；取样部位必须确保安全钻芯操作安全，且应方便操作。

（3）外墙取样数量为一个单位工程每种节能保温做法至少取3个芯样。取样部位宜均匀分布，不宜在同一个房间外墙上取2个或2个以上芯样。

(4) 钻芯检验外墙节能构造应在监理（建设）人员见证下实施。外墙节能构造的钻芯检验为见证检验；见证人员为监理或建设单位人员。

(5) 钻芯检验外墙节能构造可采用空心钻头，从保温层一侧钻取直径 70 mm 的芯样。钻取芯样深度为钻透保温层到达结构层或基层表面，必要时也可钻透墙体。钻芯设备宜采用便携式且单人可操作的，并能保证芯样完整。

(6) 当外墙表层坚硬不易钻透时，也可局部剔除坚硬面层后钻取芯样。但钻芯后应恢复剔除前原有外墙的表面装饰层。

8.4.2 芯样检测规定

钻取芯样深度只需要钻透保温层到达结构层或基层表面即可，钻取芯样时应尽量避免冷却水流入墙体内及污染墙面。从空心钻头中取出芯样时应谨慎操作，以保持芯样完整。当芯样严重破损难以准确判断节能构造或保温层厚度时，应重新取样检验。为避免钻取芯样时冷却水流入墙体内或污染墙面，钻芯时应采用内注水冷却方式的钻头。对钻取的芯样，应按照下列规定进行检查：

(1) 对照设计图纸观察、判断保温材料种类是否符合设计要求；必要时也可采用其他方法加以判断。

(2) 用分度值为 1 mm 的钢尺，在垂直于芯样表面（外墙面）的方向上量取保温层厚度，精确到 1 mm。

(3) 观察或剖开检查保温层构造做法是否符合设计和施工方案要求。

在垂直于芯样表面（外墙面）的方向上实测芯样保温层厚度，当实测厚度的平均值达到设计厚度的 95 %及以上，且最小值不小于设计厚度的 90 %时，应判定保温层厚度符合设计要求；否则，应判定保温层厚度不符合设计要求。

8.4.3 钻芯法检测报告

实施钻芯检验外墙节能构造的机构应出具检验报告。检验报告至少应包括下列内容：

(1) 抽样方法、抽样数量与抽样部位。

(2) 芯样状态的描述。

(3) 实测保温层厚度，设计要求厚度。

(4) 给出是否符合设计要求的检验结论。

(5) 附有带标尺的芯样照片并在照片上注明每个芯样的取样部位。

(6) 监理（建设）单位取样见证人的见证意见。

(7) 参加现场检验的人员及现场检验时间。

(8) 检测发现的其他情况和相关信息。

当取样检验结果不符合设计要求时，应委托具备检测资质的检测机构增加 1 倍数量再次进行取样检验。如仍不符合设计要求时应判定围护结构节能构造不符合设计要求。此时应根据检验结果委托原设计单位或其他有相关资质的单位重新验算房屋的热工性能并提出技术处理方案。

外墙取样部位应及时进行修补，可采用聚苯板或其他保温材料制成的圆柱形填充并用建筑密封胶密封。修补后宜在取样部位贴注有“外墙节能构造的钻芯检验点”的标志牌。

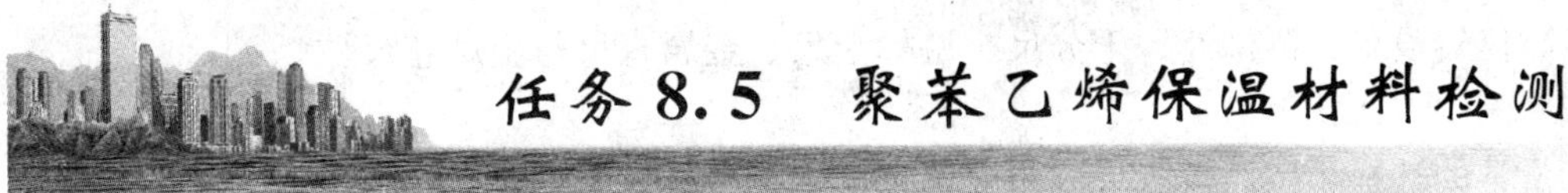

任务8.5 聚苯乙烯保温材料检测

8.5.1 聚苯乙烯泡沫板

聚苯乙烯泡沫板是由可发性聚苯乙烯珠粒经加热后倒模而成，成型后板内有微细闭孔结构。均匀封闭的空腔结构具有介电性能优良、吸水性小、力学强度高及质量轻等特点，广泛运用在建筑保温、冷库、空调、车辆、船舶保温隔热等多个领域。

将聚苯乙烯泡沫板应用在建筑工程中，能增强建筑保温能力，达到节能环保的效果。目前，聚苯乙烯泡沫板主要使用在建筑外墙保温、屋顶保温和地面保温等方面。

8.5.2 聚苯乙烯泡沫板检测的依据标准

《绝热用模塑聚苯乙烯泡沫塑料》(GB/T 10801.1－2002)。

《建筑节能工程施工质量验收规范》(GB50411－2007)。

《泡沫塑料与橡胶 线性尺寸的测定》(GB/T 6342－1996)。

《泡沫塑料及橡胶 表观密度的测定》(GB/T 6343－2009)。

《硬质泡沫塑料压缩性能的测定》(GB/T 8813－2008)。

《绝热材料稳态热阻及有关特性的测定 防护热板法》(GB/T 10294－2008)。

8.5.3 检验批

检验批既在施工过程中条件相同并有一定数量的材料、构配件或安装项目，其检测项目相同，质量要求和生产工艺等基本相同，由一定数量构件构成的检测对象。

当聚苯乙烯保温材料应用于墙体工程时，其检验批为：当单位工程建筑面积在20 000 m^2以下时各抽查不少于3次，当单位工程建筑面积在20 000 m^2以上时各抽查不少于6次。

当聚苯乙烯保温材料应用于地面或屋面节能工程时，其检验批为：同一厂家同一品种的产品各抽查不少于3组。

8.5.4 检测项目及方法

1. 线性尺寸测定

（1）仪器设备：测微计、千分尺、游标卡尺、金属直尺与金属卷尺。

（2）测定方法：

①量具的选择。按照被测尺寸相应的精度选择量具，如表 8-7 所示。

表 8-7 推荐量具

尺寸范围	精度要求	推荐量具		读数的中值精确度
		一般用法	若试样形状许可	
<10	0.05	测微计或千分尺	—	0.1
10～100	0.1	游标卡尺	千分尺或测微计	0.2
>100	0.5	金属直尺或金属卷尺	游标卡尺	1

②测量位置与次数。对于材料的尺寸和形状至少选择 5 个测量点，且测量点尽可能分散，取 5 个点的平均值作为最终值。

2. 表观密度

（1）仪器设备：称量精度 0.1 %天平、量具。

（2）测定方法：

①将样品制成（100±1）mm×（100±1）mm×（100±1）mm 的试样 3 个。

②每个试样表面至少取 5 个点，每个点分别测量试样的长、宽、厚度各 3 次，取每个点的 3 个读数的中值，并用 5 个或 5 个以上的中值计算平均值。

③称重试样，精确到 0.5 %。

④结果的计算和表示：

$$\rho = m/V \times 10^{6} \tag{8-1}$$

式中，ρ——表观密度（kg/m^3）；

m——试样的质量（g）；

V——试样的体积。

3. 压缩性能测定

（1）仪器设备：压缩试验机、位移测量装置、力测量装置。

（2）测定原理：对试样垂直施加压力，可通过计算得出试样承受的应力，如果应力最大值对应的相对形变小于 10 %，称其为“压缩强度”，如果应力最大值对应的相对形变达到或超过 10 %，取相对形变为10 %时的压缩应力为试验结果，也称其为“相对形变为 10 %时的压缩应力”。

（3）测定方法：

①制备试样尺寸为（100±1）mm×（100±1）mm，其厚度为（50±1）mm。

②测量每个试样的三维尺寸。将试样放置在压缩试验机的两块平行板之间的中心，以 5 mm/ min 的速度压缩试样，直到试样厚度变为初始厚度的 85 %，记录在压缩过程中的力值。如果要测定压缩弹性模量，应记录力—位移曲线，并画出曲线斜率最大处的切线。找出相对形变为 10 %的压缩应力。

③结果的计算与表示：

$$\sigma_{10} = 10^3 \times F^{10} / A_0 \tag{8-2}$$

式中，F_{10}——使试样产生 10 %相对形变的力，单位为牛顿（N）；

A_0——试样初始横截面积，单位为平方毫米（mm^2）；

试验结果以 5 个试样的计算平均值表示，保留三维有效数字。

4. 稳态法导热系数测定

原理：利用稳定传热过程中，传热速率等于散热速率的平衡状态，根据傅里叶一维稳态热传导模型，由通过试样的热流密度、两侧温差和厚度，计算得到导热系数。

在稳定态单向传热过程中，存在下列关系：

$$Q = -\lambda \frac{t_1 - t_2}{l} F\tau \tag{8-3}$$

式中，Q——流过试样的热量（kcal）；

λ——试样的导热系数（kcal/m ＃ ＃h＃ ＃K）；

$t_1 - t_2$——试样两表面温度差（K）；

l——试样厚度（m）；

F——试样面积（m^2）；

τ——热量 Q 流过试样所需时间（h）。

将公式移项得：

$$-\lambda = \frac{Q}{\tau} \frac{l}{(t_1 - t_2) F} \tag{8-4}$$

（1）仪器设备：防护热板试验装置。

（2）测定方法：

①制备试样尺寸为 300 mm×300 mm，其厚度为（25±2）mm。试验过程中保证冷、热两个传热板平行且与试样良好接触无空隙，否则将导致热流传递不均匀，测量结果不准确。

②由于试样在试验过程中受压且受热膨胀，因此试样的厚度需在压紧后进行测量。试样在试验安装过程中，移动冷板进行安装，确保试样在冷热板之间紧密无缝隙后，启动试验装置。

③试验加热过程中，通过温控仪观察各控制点的温度，热平衡状态稳定后，各控制点的温度保持稳定且不再上升。记录冷、热板两边的温度。

任务8.6 建筑外窗节能检测

建筑外窗节能检测主要是针对窗的气密性，水密性，抗风压性能和保温性能进行检测。其检测装置如图 8-1 所示。

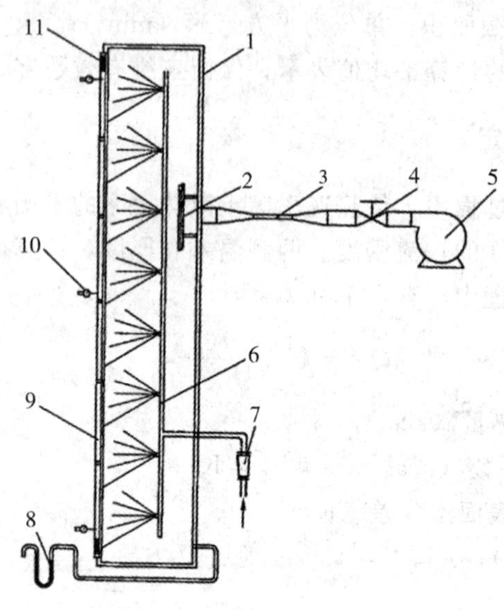

图 8-1　检测装置

1—压力箱；2—进气口挡板；3—风速仪；4—压力控制装置；5—供风设备；6—淋水装置；7—水流量计；8—压差计；9—试件；10—位移计；11—安装框架

8.6.1　建筑外窗气密性检测

1. 气密性定级检测

气密性能是外窗正常关闭状态时，阻止空气渗透的能力。《建筑外门窗保温性能分级及检测方法》（GB/T 8484—2008）对不同气密能力的外窗进行定级，将建筑门窗气密性级为 1～8 级，分级情况如表 8-8 所示。

表 8-8　外窗气密能力定级

分级	1	2	3	4	5	6	7	8
单位缝长分级指标值 q_1/［m^3（m·h）］	$4.0 \geqslant q_1 > 3.5$	$3.5 \geqslant q_1 > 3.0$	$3.0 \geqslant q_1 > 2.5$	$2.5 \geqslant q_1 > 2.0$	$2.0 \geqslant q_1 > 1.5$	$1.5 \geqslant q_1 > 1.0$	$1.0 \geqslant q_1 > 0.5$	$0.5 \geqslant q_1$

（续表）

分级	1	2	3	4	5	6	7	8
单位面积分级指标值 q_2/［m^3（m·h)］	$12 \geqslant q_2 > 10.5$	$10.5 \geqslant q_2 > 9.0$	$9.0 \geqslant q_2 > 7.5$	$7.5 \geqslant q_2 > 6.0$	$6.0 \geqslant q_2 > 4.5$	$4.5 \geqslant q_2 > 3.0$	$3.0 \geqslant q_2 > 1.5$	$1.5 \geqslant q_2$

2. 检测方法

（1）检测原理：在标准状态下，对密封后的外窗施加压力，测定单位开启缝长空气渗透量 q_1 和单位面积空气渗透量 q_2。以 q_1 和 q_2 的大小评定窗的气密性能。

（2）检测步骤：

①检测加压顺序如图 8-2 所示。

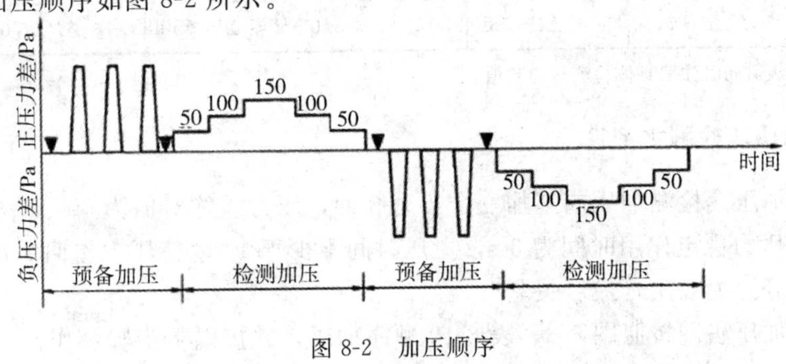

图 8-2　加压顺序

②预备加压。在正、负压检测前分别施加三个压力脉冲。压力差绝对值为 500 Pa，加载速度约为 100 Pa/s。压力稳定作用时间为 3 s，泄压时间不少于 1 s。待压力差回零后，将试件上所有可开启部分开关 5 次，最后关紧。

③渗透量检测。检测前应采取密封措施，充分密封试件上任何可开启的部分缝隙，然后进行逐级加压，每级压力作用时间约 10s，先逐级正压，后逐级负压。记录各级测量值。

④计算。分别计算出升压和降压过程中在 100 Pa 压差下的两个附加空气渗透量测定值的平均值 $\bar{q}_f$ 和两个总渗透量测定的平均值 $\bar{q}_z$，则窗试件本身 100 Pa 压力差下的空气渗透量 q_t（m^3/h）即可按下式计算：

$$q_t = \bar{q}_z - \bar{q}_f \tag{8-5}$$

将 q_t 值除以试件开启缝长度 l，即可得出在 100 Pa 下，单位开启缝长空气渗透量 q_1［m^3/（m·h)］：

$$q_1 = \frac{q_t}{l} \tag{8-6}$$

将 q_t 值除以试件面积 A，即可得出在 100 Pa 下，单位面积空气渗透量 q_2［m^3/（m^2·h)］

$$q_2 = \frac{q_t}{A} \tag{8-7}$$

8.6.2 建筑外窗水密性检测

1. 分级指标

《建筑外门窗气密、水密、抗风压性能分级及检测方法》(GB/T 7106－2008)对不同水密能力的外窗进行定级，将建筑门窗水密性级定为1～6级，分级情况如表8-9所示。

表8-9 外窗水密性能分级

分级	1	2	3	4	5	6
分级指标/ΔP	$100\leqslant\Delta P<150$	$150\leqslant\Delta P<250$	$250\leqslant\Delta P<350$	$350\leqslant\Delta P<500$	$500\leqslant\Delta P<700$	$700\leqslant\Delta P$

注：第6级应在分级后同时注明具体检测压力差值。

2. 稳定加压法检测水密性

(1) 预备加压。检测加压前施加三个压力脉冲，压力差绝对值为500 Pa，加载速度约为100 Pa/s。压力稳定作用时间为3 s，泄压时间不少于1 s。待压力差回零后，将试件上所有可开启部分开关5次，最后关紧。

(2) 稳定加压法。按照图8-3、表8-10顺序加压，并按以下步骤操作：

①淋水：对整个门窗时间均匀淋水，淋水量为2 $L/(m^2\times min)$。

②加压：在淋水的同时施加稳定压力。定级检测时，逐级加压至出现严重渗漏为止。工程检测时，直接加压至水密性能指标值，压力稳定作用时间为15 min或产生严重渗漏为止。注意：图8-3中的符号表示将试件的可开启部分开关5次。

表8-10 稳定加压顺序

加压顺序	1	2	3	4	5	6	7	8	9	10	11
检测压力/Pa	0	100	150	200	250	300	350	400	500	600	700
持续时间/min	10	5	5	5	5	5	5	5	5	5	5

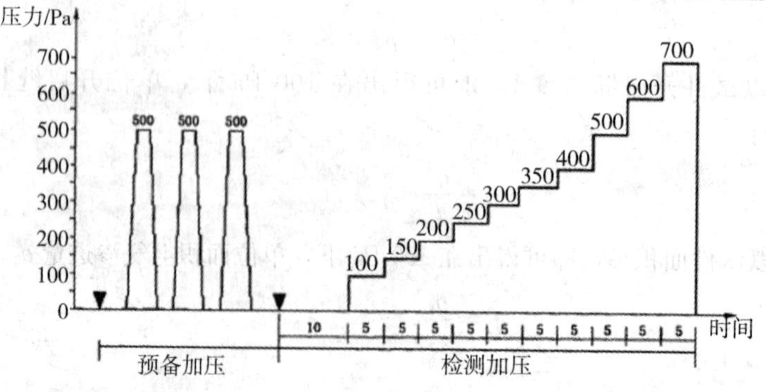

图8-3 稳定加压顺序

8.6.3 建筑门窗检测原始记录

建筑外门窗气密、水密、抗风压性能检测原始记录，如表 8-11 所示。

表 8-11 建筑外门窗气密、水密、抗风压性能检测原始记录

样品名称							委托编号					
规格型号							检测编号					
仪器设备	型号			运行状况		检测日期						
试验环境	温度/℃			气压/Kpa			检测依据					
气密性能 P	序号	100 Pa 压差下空气渗透量 q_t/（m³/h）	平均值	标况下渗透量计算值/（m³/h）	单位开启缝长/m	单位开启缝长渗透量/（m³/m·h）	单位门窗面积/m²	单位面积渗透量/（m³/m²·h）				
	1											
	2											
		总渗透量测定/ q_x（m³/h）	平均值									
	1											
	2											
水密性能（P）	压力值/Pa	100	150	200	250	300	350	400	500	600	700	单项结论
	观察记录											
	注释图例	○试件内侧滴水		□水珠连成线，但未渗出			△局部少量喷溅					
		▲持续喷溅出试件		●持续流出试件界面								
抗风压性能（kP）	测点	压力差/Pa	200	400	600	800	1 000	1 200	1 400	1 600	检测压力/Pa	分级指标值/Pa
	a	正压挠度/mm										
	b											
	c											
	a	负压挠度/mm										
	b											
	c											

备注：

检测　　　　　　复核　　　　　　第　页共　页

实训任务总结

完成本项目实训任务（见表 8-12）。

要求：根据相关规范检测建筑外墙保温层，将试验中记录的数据填入下表，并绘制检测报告

表 8-12　外墙钻芯现场检测记录

委托单位		检测日期		
监理单位		设计厚度（mm）		
工程名称		取样部位		
检测对象状态描述				
主要仪器设备及环境条件	设备名称	设备型号	试验温度（℃）	试验湿度（%）
检测依据	GB50411—2007《建筑节能工程施工质量验收规范》			
检测项目	芯样 1	芯样 2	芯样 3	
取样部位				
芯样外观				
保温材料种类				
芯样实际厚度/mm				
芯样平均厚度/mm				
保温结构分层				
备注				

检测：　　　　　　　　　　　　　　　　　　复核：

参考文献

[1] 周乐．土木工程检测与加固技术［M］．北京：化学工业出版社，2014.

[2] 北京建设工程质量检测和房屋建筑安全鉴定行业协会组织．建设工程质量检测技术及应用［M］．北京：中国建筑工业出版社，2015.

[3] 中国标准化委员会．建筑外门窗气密、水密、抗风压性能分级及检测方法［M］．北京：中国质检出版社，2014.

[4] 国家认证认可监督管理委员会．检验检测机构资质认定评审准则［M］．北京：中国标准出版社，2016.